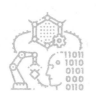

ZHINENG JIANZAO ZHUANYE
RENCAI PEIYANG TIXI
TANJIU YU SHIJIAN

智能建造专业
人才培养体系探究与实践

朱溢镕 著

化学工业出版社
·北京·

内 容 简 介

本书基于职业教育本科的定位和属性,以校企合作下智能建造产业学院模式为研究主题,展开智能建造职业教育本科专业的人才培养体系研究。本书对职业本科智能建造专业及岗位人才的能力画像进行定位和分析,围绕智能建造专业人才培养体系的基本要素构建其相连性,并对关键要素进行识别与打造,最终支撑智能建造产业学院的专业人才培养项目实践。

本书可作为高等院校智能建造等相关专业的教学参考书,也可供从事智能建造专业研究的相关人员参考使用。

图书在版编目(CIP)数据

智能建造专业人才培养体系探究与实践/朱溢镕著
.—北京:化学工业出版社,2023.11
ISBN 978-7-122-44096-9

Ⅰ.①智… Ⅱ.①朱… Ⅲ.①智能技术-应用-建筑
工程-人才培养-研究-中国 Ⅳ.①TU-39

中国国家版本馆 CIP 数据核字(2023)第 165622 号

责任编辑:吕佳丽   装帧设计:王晓宇
责任校对:王鹏飞

出版发行:化学工业出版社(北京市东城区青年湖南街 13 号 邮政编码 100011)
印   装:北京科印技术咨询服务有限公司数码印刷分部
787mm×1092mm 1/16 印张 6¾ 字数 163 千字 2023 年 10 月北京第 1 版第 1 次印刷

购书咨询:010-64518888   售后服务:010-64518899
网   址:http://www.cip.com.cn
凡购买本书,如有缺损质量问题,本社销售中心负责调换。

定   价:68.00 元

前　言

　　建筑业是我国国民经济重要的支柱产业。随着建筑业向信息化、数字化、智能化方向不断发展，我国正从传统建造模式向数字化、工业化、智能化建造阶段过渡。因此，行业对于复合创新型人才的需求愈加迫切。

　　为了助力我国传统建筑业转型升级，智能建造专业的开设势在必行。其中，如何培养一批适应建筑业未来发展方向，适配建筑行业发展需求，迎合产业转型升级发展趋势的创新型工程人才，是目前建筑类院校的人才培养中亟需解决的问题。目前，职业教育本科的建立处于蓬勃发展的初期阶段，智能建造专业的人才培养体系尚属空白，标准化方案极度欠缺。因此，急需对智能建造专业人才培养体系进行深入的研究和探索。也需要探索一种新颖的校企合作模式下的人才培养方式和培养策略，以快速提升人才的适岗能力，缩短适岗时间，实现到岗可用、到岗即用的人才培养效果。

　　本书基于职业教育本科的定位和属性，以校企合作视域下智能建造产业学院模式为研究主题，展开智能建造职业教育本科专业的人才培养体系研究。首先对职业本科智能建造专业及岗位人才的能力画像进行定位和分析，之后围绕智能建造专业人才培养体系的基本要素构建其相连性，并对关键要素进行识别与打造，最终支撑智能建造产业学院专业人才培养项目实践。本书主要介绍以下内容。

　　1. 为解决智能建造专业定位不清楚的问题，通过查阅文献，收集并整理出了智能建造及智能建造专业的相关含义，识别出了智能建造专业人才培养体系的基本要素。

　　2. 为解决人才供给-需求不匹配的问题，通过问卷调研法，对我国智能建造行业企业现状进行了深度调研。通过对企业智能建造应用场景进行深度剖析及聚焦，分析了行业智能建造应用现状；对标当前智能建造发展的问题，结合应用场景，分析了智能建造岗位的需求及能力目标，形成了智能建造企业人才需求的画像。这些成果为后续企业智能建造人才招聘及高校专业人才培养明确了思路。

　　3. 为解决人才培养体系空白的问题，基于问卷调研的结果，与各层次各维度专家展开了深度研讨交流，最终形成了智能建造专业人才培养体系的完整架构，包括以新技术、新材料、新工艺、新设备、新模式"五新"驱动的新型专业人才培养建设；对标岗位能力目标设定专业人才培养目标，将工程场景与教学场景有机结合；基于对知识体系的重构升级，建设模块化及体系化的课程体系；围绕数字化智能化能力升级目标，提升师资能力，最终实现创新型的人才培养目标。

　　4. 为解决人才培养标准化方案欠缺的问题，并验证所提出的人才培养体系的可行性，对浙江广厦建设职业技术大学智能建造产业学院的实践项目进行了深度验证。最终，输出了职业本科智能建造专业人才培养体系的标准方案，并梳理出了校企合作的智能建造产业学院模式。该方案得到了学校及兄弟院校的高度认可，培养的智能建造专业人才也得到了行业企业的高度认同。研究成果为未来职业本科高校智能建造专业的开设及发展提供了新思路和新参考。

本书作者朱溢镕为浙江广厦建设职业技术大学特聘兼职教师、高级工程师，现任广联达科技股份有限公司高级产品总监，一直致力于建筑行业信息化、数字化、智能化研究，在洞察科技赋能建筑行业转型升级的同时，还不断对技术驱动建筑全生命周期的应用深度研究，如数字设计、全过程造价管理、装配式施工技术、智能建造等新型应用场景展开研究。同时作者立足职业教育，推陈出新，将业务场景与教学场景进行深度融合，形成专业教学解决方案。本书通过校企合作智能建造产业学院项目实践，总结智能建造专业人才培养体系的系统化方案，支撑职教本科智能建造专业人才培养建设，可供广大开设智能建造专业的院校参考借鉴。

本书在创作过程中，得到了来自行业、企业、学校及出版社各级领导和同事、朋友的大力支持，在此表示衷心的感谢。

由于本人才疏学浅，不当之处在所难免，真诚希望各位同仁及广大读者批评指正，不吝赐教！

著　者
2023 年 6 月

目 录

第1章

绪　　论

1.1　研究背景

建筑业是我国国民经济重要的支柱产业，在改革开放之后，随着国家经济水平的提升而发展迅速。近些年，建筑业的建造能力有了大幅的提升，核心建造技术不断升级，随之带动产业规模的扩大和关联产业的兴起，吸纳了大批的农村劳动力，为我国经济社会的发展、城乡基础建设和人民生活的改善贡献了非常宝贵的力量。根据国家统计局 2023 年最新公布的统计数据，2013 年建筑业总产值为 15.93 万亿元，到 2022 年建筑业总产值达到了 32 万亿元[1]，如图 1.1 所示。

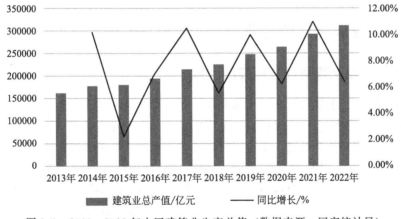

图 1.1　2013～2022 年中国建筑业生产总值（数据来源：国家统计局）

然而，建筑业长期采用传统的生产管理模式，导致建筑业工业化、信息化、数字化程度较低，生产方式粗疏固化现象严重，用工老龄群体占比上涨，劳动生产效率低下，资源浪费情况频发，技术创新主观能动性弱，这严重制约了我国建筑业未来的发展。随着云计算、大数据、物联网、移动互联网、人工智能等新一代信息数字技术的出现和蓬勃发展，摒弃原本粗放且资源密集型发展模式，探索用新技术赋能传统建筑行业，加快智能建造和建筑工业协同化发展，加快建筑产业的转型升级，是在当前产业分工深化和经济结构调整之时值得探究的一个重要课题。

习近平总书记指出："我们要把握数字化、网络化、智能化融合发展的契机，以信息化、智能化为杠杆培育新动能"。对于建筑行业而言，应紧紧抓住新一轮科技革命的历史机遇，高度重视新一代信息技术对建筑行业变革的影响，BIM、VR&AR、大数据、人工智能、云计算、物联网、移动互联网等新技术在建筑业的全生命周期各阶段集成应用，打造工程建造智能化应用新模式，实现转型升级与高质量发展，从而实现从传统建造向智能建造、从建造大国向建造强国转变[2]。

1.1.1 智能建造行业的发展现状

随着建筑业信息化、数字化、智能化的不断发展，我国目前正处在从传统建造模式向数字化、工业化、智能化建造阶段过渡。为推进建筑工业化、数字化、智能化升级，加快转变施工方式，推动建筑业高质量发展，2020年7月3日，住房和城乡建设部联合13个政府部门发布了《关于推动智能建造与建筑工业化协同发展的指导意见》。该文件提出："建筑业是国民经济的支柱产业，为我国经济持续健康发展提供了有力支撑。但建筑业生产方式仍然比较粗放，与高质量发展要求相比还有很大差距"[3]。

同时，文件提出了智能建造与建筑工业化协同发展的目标。到2025年，基本建立我国智能建造与建筑工业化协同发展的政策体系和产业体系；建筑工业化、数字化、智能化水平显著提高；初步建立建筑产业互联网平台；产业基础、技术装备、科技创新能力和建筑安全质量水平全面提高；劳动生产率显著提高；能源资源消耗和污染排放显著降低，环境保护效果显著；推动形成一批智能建造龙头企业，引领和带动中小企业向智能建造转型升级，打造"中国建造"升级版。到2035年，我国智能建造与建筑工业化协同发展取得显著进展，企业创新能力大幅提升，产业整体优势明显增强，"中国建造"核心竞争力领先世界，全面实现建造工业化，跻身世界智能建造强国行列[3]。

1.1.2 高校智能建造专业兴起

1.1.2.1 高校土建类专业存在的问题

自改革开放以来，土建类专业在全国范围的各个院校中迅速开展且发展迅猛。其明显的特点之一是多大广，即学生多、规模大、范围广；第二个特点就是实践性强，土木工程专业以适应国家重大需求和社会发展，支持国家经济建设和产业转型升级为主要目标，具有鲜明的实践性特点[4]。因此，围绕专业与产业的融合，结合当前行业新型人才培养的需求，利用新技术带动传统专业的升级与新型专业建设，展开跨专业跨学科的交叉培养等，是当前在建筑行业转型升级之际，高校土建类专业转型升级亟待解决的关键问题。在新技术、新材料、新工艺、新模式等背景下，围绕新型人才培养需求，高校土建类专业新型专业该如何建设，传统专业该如何转型升级，这也是目前高校土建类专业改革的关键课题。

1.1.2.2 智能建造专业的兴起

为适应建筑行业未来发展的需要，亟须培养一批能够满足国家工程建设和社会科学进步需求的创新型工程科技人才。2018年3月15日，《教育部关于公布2017年度普通高等学校本科专业备案和审批结果的通知》（教高函〔2018〕4号）公告，首次将智能建造纳入我国普通高等学校本科专业[5]。2021年，为深度对接新经济、新业态、新技术、新职业，推进职业教育专业升级和数字化转型，《职业教育专业目（2021年）》[6]出台，首次设置智能建造职业本科专业。智能建造专业的设置可以为建筑业转型升级和持续健康发展提供人才支持。智能建造作为驱动我国传统建筑产业转型升级的核心抓手，一方面通过新技术、新设备、新模式等应用研究推动我国建筑产业高质量发展；另一方面围绕智能建造专业人才培养体系支撑，方兴未艾。智能建造引领建筑产业转型升级背景下，聚焦智能建造专业人才培养兴起之际，针对已开设有智能建造专业或即将开设智能建造专业的院校，迫切需要有一套完整的智能建造专业人才培养体系来指引我国智能建造专业新型人才的培养，而刚成立的职业教育本科层次的智能建造专业的需求尤为凸显。纵观我国高校智能建造本科专业的开设，围绕智能建造带动的新专业的开设及传统专业的升级越来越多也越来越普遍，这也使得对智能建造专业人才培养体系的构建的需求愈发迫切。

1.1.3　社会对创新型工程科技人才需求急迫

当前，我国的工程建造在信息化、数字化及智能化的应用普遍呈散点状分布，且具有明显的区域性和局部性。施工建造现场人员老龄化、管理模式粗放、生产效率低下、质量安全可控性不强等问题凸显。在全国数字化转型的大浪潮中，建筑行业要着重利用好数据、信息与知识生产要素的巨大乘数效应，并清楚地认识到这三者是驱动数字化转型的关键生产要素；同时也需要认识到将这三种关键生产要素贯穿产品与服务的所有的过程、坏节、要素中，进而增强价值的创造与传递，这是数字经济发展和建筑业数字化转型的切入点和突破点。在建筑全生命周期过程中，建筑业产品在每个阶段都会产生大量的数据、信息和知识，这些生产要素蕴含了丰富的信息，也储藏了巨大的价值，且这三者的乘数效应决定了产品的价值。具体说来，这三种生产要素生命周期的渗透越长，在空间、组织和要素上的渗透越广，释放的乘数效应就越大，带来的价值也就越大。通过新型技术和制度改革的方式打通数据、信息与知识的要素壁垒，实现这三者的融合和共享则可以帮助建筑行业脱离信息孤岛的窘境，破除"筒仓"效应，为建筑行业的数字化转型赋予强劲的动能。

由此可以看到，现代产业与多门学科实现交叉融合式发展已成为一个普遍现象。随着技术的迭代和模式的升级，行业对于复合创新型人才的需求愈加迫切，也使得高等院校着重于培养复合型、创新型、素质型、应用型人才成为必然的趋势。此举不仅是高校为响应社会需求、行业变化所做出的积极调整策略，也是院校依托专业特色支持高校发展的重要手段。现代建筑行业信息化发展速度加快，在这种环境下，培养能助力建筑业信息化发展的高素质、创新型工程技术人才显得尤为重要[7]。随着信息化、数字化、智能化技术给建筑行业带来的巨大变革，在中国正大步迈向建造强国的今天，如何培养一批能够适应建筑业未来发展方向、适应建筑业发展需求、迎合产业转型升级发展趋势的创新型工程人才是目前建筑类院校的人才培养中亟须解决的问题。在这种新形势下，围绕职业教育本科智能建造专业创新型工程科技应用人才培养体系展开研究，则具有非常积极的实际意义和理论价值。

1.2　问题提出

在建筑业数字化、智能化的转型升级需求的驱动下，国家和地方政府颁布了一系列的智能建造政策，企业行业也在该方面进行了积极的探索和实践，社会对建筑类专业人才，尤其是高水平、高技能、高复合型人才的需求愈发迫切。与此同时，智能建造专业在高校的建立和普及，使这一问题的解决成为可能。研究发现，智能建造专业的开设带动智能建造岗位群人才链的建设。围绕智能建造专业研究型人才培养，智能建造专业创新工程科技人才培养、智能建造专业高级技术技能型人才培养的不断展开，也带动了建筑类高校其他传统专业朝着数字化及智能化方向转型升级。在此背景下，本书主要探讨以下问题：

(1) 职业教育本科智能建造专业人才培养画像及专业定位；

(2) 智能建造专业人才培养体系的基本要素及结构性联系；

(3) 智能建造专业人才培养体系的完整性、可行性和可复制性。

其中，专业人才培养画像及专业定位可以从该专业人才可具备的能力、必备的专业知识、需要具备的专业素养、未来可就业的岗位、需要掌握的实践软件、就业岗位等方面全方位描绘智能建造专业应该培养什么的人；人才培养体系的基本要素主要是从培养的途径、角度和方法来拆解关键要素并分析这些要素之间的关联；培养体系可行性和可复制性需要通过实际案例来进行验证，通过实际实施之后，反促培养体系的迭代完善。

1.3 研究目的与意义

1.3.1 研究目的

随着我国建筑业的迅速发展，各种信息化、数字化、智能化技术与建筑传统产业有机结合，助推我国建筑产业转型升级。在此之际，针对传统建筑业工业建设和智能化建设的重要窗口期，迫切需要应用建筑专业创新工程科技人才。如智能建造等新型专业人才培养是当前急需解决的命题。

基于智能建造专业人才培养体系研究，通过智能建造产业学院探索校企合作协同育人的培养模式，围绕产业链、生态链、教育链及人才链的融通建设，需要有一套基于智能建造专业人才培养体系系统化的方案及方法来指引我国智能建造专业人才培养发展，支撑我国智能建造驱动建筑行业转型升级，奠定中国建造 2035 年全球引领的重大国策及国家强国发展战略。在此基础上，本书的研究目的可归纳为以下三点：

(1) 确定职业本科智能建造专业定位及人才培养画像；

(2) 构建智能建造专业人才培养体系各要素的多层递进结构模型，分析人才培养体系各要素之间的联系，在此基础上确定智能建造专业人才培养体系；

(3) 以浙江广厦建设职业技术大学为例，分析职业教育本科背景下，校企合作模式下智能建造产业学院人才培养体系实践总结迭代分析，形成标准化智能建造专业人才培养体系方案，为建筑类高校智能建造专业特别是职业本科智能建造专业建设、人才培养提供新思路与参考，引领智能建造专业人才培养改革，促进建筑类传统专业转型升级。

本书首先通过对智能建造专业的学习以及对国内外专业人才培养体系模式的分析，将国内外成熟的专业人才培养体系及智能建造专业案例文献进行研究总结，并对国内外目前存在的问题及解决方案进行提前布控及思考。其次，结合个人工作中围绕校企智能建造产业学院人才培养模式展开的探索实践，探索智能建造专业人才培养本土化的模式，通过大量工作项目实践、研究、分析和总结，从"点-线-面-体"的研究思路，形成符合我国职业教育本科智能建造专业人才培养体系的有效方式及方法。最后，通过理论研究总结及项目实践经验积累，形成我国智能建造专业人才培养体系的标准及方案，以期望指导我国建筑类高校的智能建造专业建设、实践教学开展及人才模式培养。

1.3.2 研究意义

1.3.2.1 理论意义

在智能建造驱动建筑类高校专业数字化及智能化升级之际，针对智能建造及智能建造专业人才培养的研究虽然比较多，但是体系化不强，特别是这种跨学科跨专业交叉，如何利用产教融合、校企合作模式去探索最佳育人实践目标的达成非常值得研究。另一方面，职业教育作为我国"十四五"规划中教育改革的核心，支撑着我国从建造大国向建造强国迈进的人才储备战略决策，针对职业教育启动本科层次的类型设计，围绕智能建造职业本科专业人才培养体系的研究及输出成果案例比较少，高校缺乏该类型专业的人才培养体系做参考。

本研究通过对国内外智能建造专业人才培养体系模式的深入研究，特别是将国内外成熟的专业人才培养体系进行归纳总结分析，聚焦职业教育本科层次定位，围绕产教融合、校企合作协同共育实践模式进行分析，初步形成基于职业教育本科智能建造专业人才培养体系的研究思路，同时也为开设职业教育本科智能建造专业的老师提供部分理论支持。

1.3.2.2 实践意义

本书利用浙江广厦建设职业技术大学智能建造产业学院项目作为实践基础，对智能建造专业人才培养体系支撑该类型层次专业人才培养目标的达成进行验证实践。清晰智能建造专业人才岗位能力画像及专业定位，梳理智能建造专业人才培养方案，聚焦智能建造专业课程体系建设、师资梯队培养和实训实践基地建设，形成智能建造专业人才培养体系方案。

围绕浙江广厦建设职业技术大学智能建造产业学院项目实施，探索校企协同育人模式，通过项目实践形成智能建造人才培养体系保障方案，帮助职业教育本科智能建造专业人才培养。通过相关理论研究，形成该专业系统要素支撑体系，为后续职业本科智能建造专业院校人才培养提供可复制、可实践的方案支持。

1.4 国内外研究现状

1.4.1 国内外产教融合校企合作模式研究

1.4.1.1 产教融合综合分析

产教融合通常是指生产与教育的整体化和一体式运转，即两者相互交融，密不可分，在实际生产场景中教学，在教学中完成生产流程[8]。职业教育本科院校是产业院校合作的良好平台，其不仅可作为区域知识产生、积累、传递、扩散的承载主体，也可作为技术创新和成果输出的转化媒介。与产业进行合作是高校完成自我转型升级、服务地方产业、助力经济发展的有效方法。但是，当前很多院校的产教融合度偏弱，相互关联度不强，不能有效满足各方的利益实现共赢，在产、学、研、用这些方面的举措不够落地，合作频次低、时长短、稳定度低。

通过对产教融合的综合分析研究，各个学者的研究点集中在两个方面：对合作模式内容和选择的研究、对影响合作效果因素的研究。在合作模式内容和选择的研究层面，原长弘从合作契约的关系入手，将产学研合作模式划分为技术转让型、联合开发型、委托开发型和共建实体型[9]；谢科范等将产学研合作模式归纳为成果转化、项目委托、人才培养三种传统模式以及合作研发、战略联盟、平台运作、人才流动四种现代模式[10]；《国家中长期教育改革和发展规划纲要（2010～2020年）》从合作的对象将产教融合模式划分为校校协同、校所协同、校企协同、校地协同、国际合作协同；王文岩等人将产学研合作模式划分为技术转让、委托研究、联合攻关、内部一体化、共建科研基地、组建科研实体、人才联合培养与人才交流、产业技术联盟这八种模式[11]；武海峰等人将从实施的主体划分为以高校为主体的技术推动模式和以企业为主体的市场拉动模式[12]；李焱焱等从主导作用方划分为政府主导型、企业主导型、大学和科研机构主导型及共同主导型的合作模式[13]；许家岩将高职院校产教融合模式划分为人才培养模式、项目共建模式和技术服务模式；邵鹏将其划分为企业孵化器模式、科技工作园模式、战略联盟模式[14]；刘前军等将之划分为项目模式、中心基地模式、产业技术联盟模式、大学科技园模式、技术转让模式[15]；张丽叶将合作模式划分为供给侧与需求侧一体化模式、教科研与产品服务一体化模式、人才培养与员工培训一体化模式、学科专业建设与企业发展一体化模式、师资队伍建设与企业骨干培养一体化模式；韩启飞等人将产学研合作模式划分为技术转让模式、委托研究模式、联合攻关模式、共建科研基地模式、建立研发实体模式、大学科技园模式[16]；张千帆等将产学研创新网络组织划分为技术协作、契约型合作和一体化三种模式，并以创新能力成熟度构建完全信息动态博弈模型，探究对合作创新模式的选择及演化路径的影响[17]。

在影响合作效果因素的研究上，崔旭等人指出影响合作效果的主要因素有：合作机制与体制、合作意愿、利益分配等[18]；李正卫等指出沟通渠道不畅、合作能力不强、文化差异较大以及政策支持不足是影响校企合作的重要因素[19]；唐立兵认为主体存在短板、运行机制不健全、融合力度不够是症结所在[20]；许家岩针对利益相关者的诉求与冲突，将影响因素划分为个体内部因素（产教融合意识、组织协调能力、技术研发能力、优质资源融通、学生意愿度）、双方耦合因素（文化耦合、制度耦合、技术耦合、沟通渠道、利益分配）、外部环境因素（产教融合氛围、政策支撑、市场环境）[21]；王新国认为其因素有外部因素——职业教育社会认可度低、内部因素——职业教育自身发展优质度不高、耦合因素——产教融合存在制度短板和机制漏洞[22]；许士密认为政府定位不准、社会组织缺失、政策落地不实、协同机制不畅是影响原因[23]；张丽叶将影响因素分为政府因素（政策制度保障、政府宣传、政府资金支持、政府协调和监督机制、产教融合氛围），高校内部因素（管理队伍能力、实施产教融合机制创新、产教融合师资力量、交流和沟通渠道、学校执行力），企业自身因素（企业参与积极性、企业产教融合投入资金、企业产教融合参与程度、企业产教融合意识）三个方面[24]；韦钰认为实施动力、内涵建设、监督与评价机制属于影响校企合作的主要因素[25]；张德成等认为校企信息交流机制不通畅、缺乏课程体系灵活调整机制、人才供给侧和产业发展需求不适应、产教融合的广度和深度不够是产教融合的困境点[26]；张阳指出影响因素有合作模式传统、校热企冷、教师队伍建设不足、政府引领和监督作用不到位[27]。在对产教融合模式的实证研究上，D'Este等人认为大多数使用共同研究、专利许可、咨询与合同研究、培训以及衍生企业等方式[28]。Wright等人分别从技术阶段探讨了合作模式的应用，认为在技术处于发明阶段时应采用联合研发模式，在技术处于市场化阶段时应采用委托开发模式，在技术处于扩散阶段时应主要采用协商模式[29]。Ankrah 等人将其总结为需求驱使、互惠互利、效能提升、持久稳定、合法性和对等考虑[30]。Rybnicek 等人总结校企合作的成功因素为制度因素、关系因素、输出因素和环境因素[31]。Nsanzumuhire 等人分析了产教融合的交互模式、机制制度和实施障碍之后，指出协调性差、动机不足、能力差距、政府差距以及上下的关系差距是导致合作不成功的重要因素[32]。

相较而言，国外在实证研究上有比较多的成果，而国内主要以定性分析为主，实证研究较少。为此，本书试图将理论分析和案例实证研究相结合，探究智能建造产业学院模式下校企合作模式及影响因素。

1.4.1.2 校企合作产教融合有效模式研究

通过文献分析，本书提炼出职业本科院校产教融合的常见模式有：产教融合研发模式、产教融合共建模式、项目牵引模式和人才培养与交流模式[13]。在本书中，将围绕第四种模式——"人才培养与交流模式"展开。这种模式是指企业和院校整合双方资源，共同介入人才培养过程，共投共育，"双主体"育人。在教师资源整合上，企业可聘请高校老师到企业挂职，而企业人员亦可以到高校任教，利用自己的工作实践经验以给学生言传身教；学生可以通过"企业课堂"或顶岗实习的方式快速融入岗位；企业和院校还可以共建教学实训基地以保证双方的合作长久稳定地持续下去。通过以上资源整合（人力、物力、财力），实现资源在院校-企业间的流动和互通，从而实现知识共享、思想交流和技术创新[11]，也可以拓展院校教师和科研人员的应用区域，提升院校老师、学生的实践操作能力和科研创新能力，强化企业员工对基础知识的认知和把握，提升员工素养，赋能企业发展。

1.4.2 国内外智能建造与智能建造专业研究

1.4.2.1 智能建造的初步理解

智能建造得益于信息化、数字化和智能化技术的发展，由"数字建造"衍化而来。智能建造[33] 是以 BIM、物联网、人工智能、云计算、大数据等信息化数字化技术为基础，集成智能化的设备及平台，可以实时自适应于变化需求的高度集成与协同的建造系统。智能建造不是一个面向单一生产环节的技术，而是一个高度集成多个环节的建造系统，即融合了设计、生产、物流和施工等关键环节。

1.4.2.2 智能建造理论研究现状

智能建造从概念出现初期即获得了各行业的广泛关注，并迅速发展成为一个热门的研究领域。智能建造是一个交叉学科，其涉及学科不仅包含建筑类的土木工程、工程管理，也包含计算机类中的计算机科学、人工智能，同时涉及工科机械类的自动化、机械工程等多门学科。对智能建造理论体系的研究一直为各研究学者所津津乐道，其中，陈珂与丁烈云提出了智能建造体系的三化三算的特点，所谓三化指数字化、网络化、智能化，三算指的是算力、算法、算据。他们认为智能建造体系是以三化三算为基本特征的新一代信息技术，在此基础之上发展面向全产业链一体化的工程软件、面向智能工地的工程物联网、面向人机共融的智能化工程机械、面向智能决策的工程大数据等领域技术，支撑工程建造全过程、全要素、全参与方协同和产业转型[34]。这一理论研究得到国内广大学者的认同。

国外学者使用"Construction4.0"来指代智能建造技术，即通过工业4.0的新一代信息技术，推动建筑业的数字化、智能化转型升级。Oesterreich等人对这一过程中涉及的经济、社会、技术、环境和法律等问题进行了调查分析，认为推广Construction4.0模式一方面可以提高工程建设的效率，提高工程质量，保证建造过程的安全，改善团队的协作能力，帮助工程获取较高的经济效益；另一方面，可以提高社会对行业认可度，提升行业地位，帮助建筑业可持续性且良性发展[35]。

虽然在智能建造基础理论研究上有了非常多的研究成果，也有了很多的实践尝试，帮助产业企业都获得了有效的改进和升级，但是仍然不能完全满足当前产业变革和发展的需求，也供应不上产业对相关应用的需求的速度，其具体表现有如下几个方面：

（1）信息化、数字化、智能化等新兴技术对工程建造能力提升的驱动原理尚不明确，智能建造愿景下的未来业务应用场景尚不清晰；

（2）智能建造相关的异构建造资源的整合使其协同作用的机理不明确；实体建造流程与模拟建造流程的数据同步、数据互通的逻辑尚不明朗；

（3）工程建造内部存在信息孤岛和"筒仓"效应，打通建筑产业全业务流程的方案尚未确立；

（4）指导智能建造实施的方法策略尚不成熟，未能形成标准，且缺乏科学有效的评价机制。

基于此，智能建造的发展尚处于初期，到形成一门独立的学科还需要知识、数据、案例、应用、产品等方面长时间的积累。在现阶段，智能建造领域的研究应着眼于构建基础理论体系，以解决建筑行业转型升级中的基本共性问题，从而打通知识到技术到技能再到创新发展的美好通路。

1.4.2.3 智能建造专业现状研究

我国建筑业向数字化、信息化、工业化、智慧化的高质量发展，同时也迎来了许多新兴技术的融入和新型业态的产生。这些变化对跨领域技术技能应用人才和复合型创新管理人才提出了更高要求，迫使土建类教育专业加快改革创新。

智能建造专业（081008T）是从传统土木工程中衍生出的"新工科"专业，是为了迎合国家战略发展和建筑行业升级而提出来的，其融合了土木工程、工程管理、工程造价、自动化、机械设计、机械制造、计算机科学、人工智能等专业，是一个交叉复合性非常强的学科，主要培养的是能推动我国建筑行业智能建造转型升级所需的跨专业学科的工程科学技术技能应用人才和复合型创新管理人才。

自2018年末同济大学先行开设以来，每年新获批智能建造专业的高校数量持续不断增长。根据教育部2023年4月6日新印发的《教育部关于公布2022年度普通高等学校本科专业备案和审批结果的通知》[36]（教高函〔2023〕3号），2022年又有38所高校获批智能建造本科专业，增幅数量明显上涨。截至目前，已有109所高校增设了"智能建造"专业（081008T），智能建造专业历年增长情况如图1.2所示。

针对国外智能建造专业开设情况研究分析，通过大量内外部资料研究发现，目前国外还没有开设独立的智能建造专业，仅在原有的理工学科内开展相关新兴技术研究或者在研究生阶段开设智能建造方向研究。

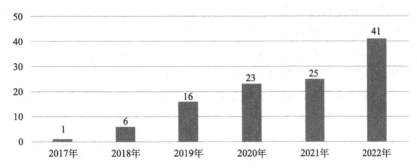

图 1.2 智能建造本科专业院校数量（数据来源：教育部官网）

1.4.3 新型产业学院模式下智能建造专业人才培养体系研究

新型产业学院作为产教结合的新型组织形式，是我国地方本科院校向应用转型的重要路径，它打破了传统的封闭办学模式，与社会建立起紧密联系，从而有效地整合了学校和企业的教育教学资源，是传统"校企合作"、"订单式"培养、"顶岗实习"和建立"实习实训基地"的升级版，具有丰厚的理论基础[37]。

目前，我国许多地方职业教育本科院校联合行业企业建立起新型产业学院。但从现状分析来看，各院校通过新型产业学院的建立及实施，在办学经验上面有了一定的积累，但存在时间不长、资源能力等方面的积累不够的情况。新型的产业学院当前偏向于先行先试做法，即高校选择局部专业深度转型与行业企业深度参与进行有机结合[38]。这种方式在实践中容易出现行政风格严重、治理结构不健全、顶层架构缺失及服务效果低等问题。产业学院是产教融合实施的重要载体，也是高校与企业达成合作共赢的关键组织形态，因此，如何找到多方合作共赢点，围绕符合创新人才培养的落地是关键。

在国外，产教融合校企合作模式有英国的"三明治"模式、美国的"合作教育"模式、德国的"双元制"模式、日本的"产学合作"模式等[39]。其中，"合作教育"是美国经典的产教融合模式，这种模式涵盖了建筑工程、经济、教育等超过 50 多个学科领域，获得了来自院校、企业和政府的高度认可及大力支持。目前这种合作教育的模式已经在全美国超过 1/3 的大学开展，也经由此给美国的社会发展和经济进步输送了海量稀缺专业的技术员。由此可知，新型产业学院模式是当下针对新专业应用围绕人才培养体系建设突破的核心抓手。

1.4.4 对现有研究的评价

通过对文献的梳理可以发现，国内外针对智能建造及智能建造专业的研究较多，其内容主要表现为如下几个方面：

（1）围绕智能建造概念及应用场景的研究，将先进的信息化、数字化、智能化技术与传统工程建造场景进行融合升级，打造基于智能建造理想场景的工程建造智能化应用场景。

（2）目前数字化、智能化处于当前各国在科技领域驱动全国经济的领先高地，各国围绕智能化新技术驱动各行业改革正在如火如荼地进行中。如我国针对智能建造，从国家顶层升级到各省市推行的政策不断涌现，围绕平台化以驱动新技术、新设备、新模式等在项目的应用也在不断实施。

（3）在智能建造专业人才培养维度，我国走在前列。迄今，我国开设有本科层次智能建造专业院校 109 所，开设有高职高专层次智能建造技术专业院校 127 所，基本形成基于学科设置的人才梯队分层体系，助力我国建筑行业转型升级中的人才培养。

通过 Web of Science 等渠道查询发现，国外智能建造专业方向的人才培养起步较早，主要集中在建造管理、新技术在教育领域的应用等方面，但没有形成体系化的学科。国内对于智能建造专业人才的培养稍晚，但是在国家政策驱动导向下建立起了完整的智能建造学科体系，行业变革带动了专业学科人才培养体系的建立，形成了初步的智能建造专业人才培养体系。值得注意的一点是，在目前职业教育本科刚刚建立之际，围绕职业教育本科智能建造专业人才培养体系的建立尚且空白，特别是在专业人才培养体系标准化方案维度极为奇缺，有待进一步探索。基于职业教育本科的定位和属性，以职业岗位能力培养为目标，对接产业和企业的资源，以使其人才培养目标更快融入产业企业岗位的标准要求，本书将基于校企合作视域下智能建造产业学院模式，展开智能建造职业教育本科专业的人才培养体系研究，通过对职业本科智能建造专业定位及岗位人才能力画像的分析，围绕智能建造专业人才培养体系基本要素构建其相连性，识别关键要素进行打造，从而支撑智能建造产业学院专业人才培养项目实践。

1.5　研究内容及思路

1.5.1　研究内容

本书首先利用文献研究法来综合分析原始文本资料，识别确定智能建造专业人才培养体系的基本要素。接着通过问卷调查法对智能建造专业人才培养体系的基本要素进行筛查，选择智能建造专业重要的人才培养体系中的核心要件，并通过专家访谈法对智能建造专业人才培养体系中的核心要件进行解构，通过深入一线与各类专家深度交流的方式，对智能建造专业人才培养体系的各核心要素进行系统分析，在此基础上构建智能建造专业人才培养体系系统方案。最后，围绕智能建造职业本科专业，从企业的视角，通过校企合作智能建造产业学院落地实践智能建造专业人才培养体系的模式，对浙江广厦建设职业技术大学智能建造专业人才培养体系进行匹配度分析，通过研究假设与项目实践验证的模式来不断迭代，找到优化后的可行性比较强的职业教育本科智能建造专业人才培养体系。本书主要的研究内容和研究思路如下：

第 1 章：首先对本书的研究背景进行梳理，继而提出相关的研究问题，分析本书的研究目的和意义。其次研究智能建造专业人才培养体系国内外研究现状，同时基于校企合作模式下新型智能建造产业学院的实践探索进行综合分析，在此基础上对研究现状做出评述，并确定本书的研究主题和研究方向，最后详细阐述了本书的研究内容，所用到的研究方法和技术路线图。

第 2 章：主要介绍的是本研究的核心概念和支撑本研究的理论。该部分对智能建造、智能建造专业、人才培养体系、课程模块化系统化理论及新型产业学院合作博弈论的概念内容进行介绍，明确研究的范围，并对后文用到的理论方法进行介绍。

第 3 章：对智能建造专业人才培养需求展开调研分析，围绕智能建造新技术应用点、企业应用场景、企业新场景下岗位人才能力需求画像进行介绍；同时围绕智能建造专业设置，对专业定位、培养目标、专业能力、课程体系、师资能力及实训实践基地建设等维度进行系统问卷调研，初步识别智能建造专业人才培养体系的基本要素。

第4章：将在校企合作智能建造专业建设思考基础上，基于智能建造专业人才培养需求调研结果，结合智能建造专业人才培养体系的建设目标，对行业企业专家、高校业务专家、学生等进行线下访谈，通过访谈识别智能建造专业人才培养体系的核心要素及内部结构性联系，通过系统及模块化分析法，构建职业本科智能建造专业人才培养体系的结构模型，并在此基础上构建职业本科智能建造专业人才培养体系。

第5章：主要内容是基于校企合作模式下，通过浙江广厦建设职业技术大学智能建造产业学院项目实践，围绕职业教育本科智能建造专业人才培养体系建设，围绕专业定位及人才培养目标、专业能力与课程体系建设、师资梯队及教学方法升级、实验实训基地建设及专业人才评估展开实践，通过实践验证找到不足并迭代优化，并通过实践项目拟预期效果进行案例阶段评估，并通达到职业本科智能建造专业高质量人才培养的效果。

第6章：总结本研究的主要结论以及主要研究成果，并陈述本书的不足之处，同时对未来的研究的方向和研究内容进行了展望。

1.5.2　研究方法

1.5.2.1　文献研究法

根据研究主题，将研究内容拆解为智能建造（专业）、职业本科、人才培养体系、产业学院几个关键词，并以此从相关网站上收集学术资源。收集的内容具体有智能建造、职业本科、人才培养体系、产业学院等相关政策、智能建造产业学院实践应用案例、高校智能建造专业人才培养方案等。通过对所收集到的文献资源进行汇总、整理和分析，确定本书的研究重点、研究方向、研究方法、研究思路，为后续研究奠定了坚实的理论基础。

1.5.2.2　问卷调查法

本书在初步识别出智能建造专业人才培养体系建设的基本要素后，以问卷的形式对智能建造领域的相关专家（来自行业、企业、高校等）进行调研。问卷里不仅需要分析填写问卷的专家基本情况，同时需要探知被调研对象对智能建造的认知、智能建造企业应用场景、智能建造专业人才画像以及智能建造专业人才培养体系等的看法和建议，初步识别出智能建造专业人才培养体系建设的基本要素和其重要程度。通过对回收的问卷数据进行系统的数据统计与分析，希望能形成更加科学合理的方法，确定出智能建造专业人才培养体系建设的核心要素。

1.5.2.3　专家访谈法

专家访谈法是通过线上或线下访谈的方式收集汇总专家的意见和看法，并根据专家意见对讨论主体进行修正，经过多次反复地与专家进行交流和自我修正，逐渐使专家的看法与自己的判断趋向一致。在最后，对专家给出的结果进行定性、定量的综合分析与比较，进而能够对研究对象进行预测和评价。本书在对智能建造专业人才培养体系研究模型中，依托解释结构模型进行分析，组建 ISM 专家小组，围绕拟定的问卷调查表访谈了行业专家、高校专家、企业专家等对智能建造专业人才培养体系各要素之间关系进行意见反馈，作为后续分析智能建造专业人才培养体系各要素之间的关联，并提供支撑依据。

1.5.2.4 案例分析法

案例分析法指根据研究目的来分析项目案例，试图通过这种方式对理论或原理作出更深层次的解释，或是将在现实案例实施中遇到的问题作为范例来进行探究分析。本书中的案例主要来自浙江广厦建设职业技术大学智能建造产业学院的案例项目，在该项目中，结合前期对智能建造的理解及职业教育本科智能建造专业人才画像及定位，围绕智能建造专业人才培养体系在该产业学院的落地实施，对专业人才培养方案、课程体系建设、双师型师资队伍建设及基于数字化平台教学运营方法和配套专业实践基地建设的研究实践，形成假设、验证、优化调整的可执行落地方案，以期通过该实践项目案例的呈现，使本研究的内容及结果更加具体和更易理解，后续给其他专业院校提供可借鉴性、可执行性更强的指导。

1.5.3 技术路线

本书按照提出问题、分析问题到解决问题的思路进行研究，绘制出的技术路线图如图 1.3 所示。

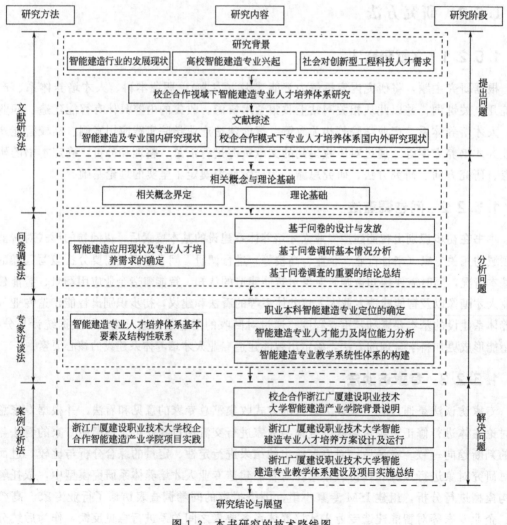

图 1.3 本书研究的技术路线图

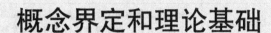

第2章

概念界定和理论基础

2.1 相关概念界定

2.1.1 智能建造

智能建造受关注程度剧增,其作为在建筑业转型升级的风口,目前虽然还没有出现一个清晰的定义,但是很多学者已经开始尝试阐述其概念内涵。表2.1将行业专家、学者对智能建造的定义做出总结。由此可以看到,尽管定义智能建造的语言表达不尽相同,但不同专家学者对于智能建造内涵的认知区域大致相同,综合研究分析对于智能建造的理解,可以提炼为以下几点:

(1) 智能建造是一种新型的工程建造模式;

(2) 智能建造的范围涵盖工程建造全生命周期;

(3) 信息化、数字化、智能化技术与设备是智能建造承载的关键;

(4) 智能建造是驱动建筑业转型升级的重大举措。

本书以智能建造和智慧建造作为关键词,梳理出其中6位比较具有代表性的专家学者对智能建造概念的定义,具体内容如表2.1所示。

表 2.1 智能建造定义总结

序号	作者	定义
1	丁烈云	智能建造为以人工智能为核心的现代信息技术与以工业化为主导的先进建造技术相结合的创新建造模式;其内涵为设计建造交付,要素感知互联网络协同,机器换人改善作业环境,数据驱动工程智能决策,企业转型发展数字经济[40]
2	肖绪文	智能建造是面向工程产品全生命期,实现泛在感知条件下建造生产水平提升和现场作业赋能的高级阶段;是工程立项策划、设计和施工技术与管理的信息感知、传输、积累和系统化过程;是构建基于互联网的工程项目信息化管控平台,在既定的时空范围内通过功能互补的机器人完成各种工艺操作,实现人工智能与建造要求深度融合的一种建造方式[41]
3	毛志兵	智慧建造是工业互联网时代背景下的新型建造方式,在建造过程中,充分应用BIM、物联网、大数据、人工智能、移动通信、云计算及虚拟现实等信息技术与机器人等相关设备,通过人机交互、感知、决策、执行和反馈,提高工程建造的生产力和效率,解放人力,从体力替代逐步发展到脑力替代,提高人的创造力和科学决策能力,是大数据、人工智能等信息技术与工程建造技术的深度融合与集成[42]

序号	作者	定义
4	樊启祥等	智能建造是指集成融合传感技术、通信技术、数据技术、建造技术及项目管理等知识，对建造物及其建造活动的人员安全、质量、环保、进度、成本等内容进行感知、分析和控制的理论、方法、工艺及技术的统称[43]
5	Andrew Dewit	智能建造旨在通过机器人革命来改造建筑业，以达到节约项目成本，提高精度，减少浪费，提高弹性与可持续性的目的[44]
6	Lijia Wang	智能建造是指施工企业在施工过程中提高资源利用效率和生产效率，引进新技术替代传统的施工方式，以实现建筑行业可持续发展和项目管理信息化[45]

通过观察总结上述6位专家学者对智能建造概念的定义可以得出，智能建造是指基于信息化、数字化及智能化技术驱动的工程建造新模式。通过精益建造的理论支撑，利用智能化的平台管控系统及智能化的机器设备，不断提高工程建造的精益水平。同时在建造过程中，利用智能化的机器设备代替人，降低建造过程中对人的依赖程度，提高安全施工作业水平，降低项目成本，保证项目进度与质量，最终实现建筑项目的绿色可持续发展的目标。

2.1.2　智能建造专业

智能建造是中国普通高等学校本科专业[46]。该专业培养具有科学与人文素养，掌握土木工程、电子信息科学与工程、控制科学与工程、工程管理、机械工程等学科的基本原理和基本方法，能胜任建筑全生命周期的数字化设计、工业化建造、自动化施工、智能运维与服务等工作，具有国际视野和终身学习能力的创新复合型人才。

智能建造工程是中国高等职业教育本科专业。该专业培养德、智、体、美全面发展，具有良好职业道德和人文素养，掌握建筑结构分析与设计、土建施工、装配式构件研发、建筑信息模型（BIM）、5D项目管理、虚拟建造等相关方面的技术理论、知识和技能，具有能够从事大型复杂建筑构件深化设计、建筑智能施工、智能化项目管理等工作的高层次技术技能人才。

智能建造技术是中国高等职业教育高职专业。该专业培养学生思想政治坚定、德技双修，德智体美全面发展，具有良好的职业道德和工匠精神；具备一定的科学文化水平，掌握建筑结构设计与建模、土建施工、建筑信息模型以及机电综合检查等专业技术技能；主要培养学生学会利用新型技术方式来代替传统的施工管理技术，进行建筑全生命周期中的智能测绘、智能设计、智能生产、智能施工和智能运维管理；能够从事智能建造组织管理、施工现场智能设备操作和管理、智慧化运维与管理等工作的高素质劳动者和技术技能人才。

通过上述对智能建造培养目标的描述可以看出，职业本科"智能建造工程"、普通本科"智能建造"专业均认为本科学生应具备"学习能力、创新能力、核心素养"，也着重对这些综合能力的培养，以保障本科"高等层次人才培养"的输出标准[47]。有区别的是，职业本科"智能建造工程"专业以"土木建筑工程技术人员、项目管理工程技术人员等职业，建筑智能化施工等岗位群"作为学生未来目标就业方向，着重培养的是"高层次技术技能人才"；智能建造技术培养的是更偏实践操作、实施，略低于智能建造工程职业本科层次的技术技能人才；而普通本科"智能建造"专业立足"学科的基本原理和基本方法"，着眼于未来培养的"行业人才"。

2.1.3 人才培养体系

高校职业本科专业人才培养体系是指高校为了培养专业优秀人才而建立的一套完整的教育体系。这个体系包括了高等的教学、科研、实践、社会服务等方面，旨在为学生提供全面的知识和技能培养，使其成为具有创新能力和实践能力的高层次高素质技术技能人才。其核心是教学体系建设，为专业人才培养目标、专业课程体系建设、师资的教学能力培养、教学方法改革、配套的实训实验基地建设及数字化评测管理机制，在帮助学生获得知识和技能的同时，培养学生的创新思维和实践能力。

2.2 基础理论

2.2.1 德国五阶段职业教育理论

当前国外对于职业教育的理论和模式研究有相当多且成熟的成果[48]，比较著名的当数德国五阶段职业教育理论[49]，其围绕学生职业成长规律（以学生为中心），针对学生技能与企业岗位需求脱节的现象，以项目和能力迁移为导向复制教学经验，形成初学者（新手）—提高者（生手）—熟练者（熟手）—有能力者（能手）—专家（高手）螺旋式上升的五阶段职教理论。

德国职业教育五阶段教育理论，将不同阶段的学习范围、典型工作任务及不同阶段的成果输出目标进行科学分解，形成阶段职业教育培养目标，体现职业教育点线面体的系统化教育路径；德国职业教育五阶段教育理论以学生职业成长为核心，重点解决针对学生技能与企业岗位要求不匹配的现象，通过构建行-企-校协同共建模式，以项目和能力迁移为导向，任务驱动学习目标达成，从而实现职业能力迁移。

在当下职教本科专业建设发展之际，德国的职业教育理论及职业教育发展模式非常值得借鉴及学习。针对不同层次的职业者，如果清晰定义学习范围、典型工作任务及成果输出衡量方式，完成由点到线的螺旋递进设计则可以成为职业人才培养方法的核心优势，比如考虑以学生学习为中心，构建人才供应链教育平台设计，从而完成学生从入学—教学—入行的体系化设计。

针对职业本科智能建造专业人才培养体系建设，可以考虑搭建平台从而构建政-企-行-校-社五维联动的合作模式，以就业岗位的能力需求为导向，以企业应用为目标，以项目贯穿为牵引，构建校企合作课程产品体系服务于高校。课程开发秉持以问题为导向（PBL教学法[50]），将具有代表性的实际工程场景，通过模拟项目为主线，构建完整的教学设计和任务驱动，使学生切实感受现实工作的实际需求，充分激活学生动力及主动性，达成教育教学目标。

2.2.2 模块化理论与系统化理论

模块化理论是一种设计理论和实践，是系统化理论中重要环节。模块化理论将整个产品定位为一个整的系统，并依据系统的功能将系统细分为可称之为模块的较小的部分。这些模块具有相互关联、相互独立、可组合、可替换的特点。基于此，产品可通过更换模块进行个性化组合，成为功能各异的产品组，以满足不同用户的个性化需求。该设计理论被广泛应用到课程体系设计，尤其是职业教育的教学体系设计中，帮助院校依据自身专业特点进行教学内容的调整和组合。

系统化理论则需要从整体维度上把控设计过程中各要素之间的关联。在整个设计流程中，原始的系统也会作为一个关键要素，纳入时间、空间、情感等要素的考量，从而形成一个更加宏大的系统，在社会、用户、环境的相互作用下，随着时间的推移而逐步变动。故而，系统化设计也是动态的设计，系统化理论主要支撑人才培养体系建设的思考。在模块化的设计概念中，系统由不同的子系统组合而成，且系统需要子系统的相互作用方可达成最终目标。子系统可按其功能及结构分为多个层次，系统内各单元相互作用、相互联系。通过更换不同的功能单元，整体系统可获得不同的功能，从而实现产品的个性化，这些单元便是产品的模块。由此，可以建立专业人才培养体系方案的系统论，以及人才培养体系中各模块的模块化理论，通过建立其逻辑及联系，从而达到最终的体系化效果的目标。

2.2.3 合作博弈理论

博弈论是指局中人在相同条件下的对局中，为达到自己的目的而选择对应的策略[51]。博弈论包含合作博弈和非合作博弈，不同之处在于局中人在相互作用中是否存在具有约束力的协议。本书主要关注的是合作博弈。所谓合作博弈是指在平等的约束条件下，双方均可从对局中获取利益；另一种情况是其中一方或者几方能够获得利益而其他方的利益不受损害。合作博弈强调合作过程中的公平公正、相互协作、合理分配资源，利用合理的方式、方法、技巧和力量进行讨价还价，来对合作的资源进行妥协分配。合作是各方达成协议的最终结果，也是各方获得利益的前提条件。

在智能建造产业学院项目管理过程中，利益冲突和合作并存是最明显的特点。如何评审各方利益，使其达成共赢的目标，最终保障智能建造产业学院项目实践效果的最大化是重中之重。各方为了保证自身的利益，在管理之中相互牵引，相互制衡。合作博弈论在智能建造产业学院项目运营实践中的应用[52]，方便了管理人员选择更优的决策，从而进一步提高智能建造产业学院运营实践管理水平，本书基于此进行了论述。

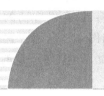

第3章

智能建造应用现状及
专业人才培养需求分析

为全面了解建筑全产业链头部企业在智能建造领域的发展现状和趋势，智能建造相关技术在企业的实际应用情况，以及各行业、各企业对智能建造人才的需求状况，对智能建造人才知识能力的要求，本章通过发放问卷的方式进行调研和分析。期望通过对调研结果的分析、总结和提炼，能为建筑类高校在智能建造的人才培养和专业建设上提供建设思路及方向，助力院校培养出掌握科学技术发展趋势和前沿技术且又能适应建筑产业变革需要的高水平、创新型智能建造工程科技专业人才。

3.1 问卷的设计与发放

3.1.1 问卷设计

智能建造作为当代建筑业转型的风口及牵引点，上到国家、地方行政机构政策发文，下到各个企业围绕政策导向的改革及项目应用实践，已在全国如荼如荼地展开。但智能建造涵盖范围广，应用基点多而复杂，应用场景随着技术及能力提升的成熟维度也在动态变化。基于此，此调研问卷基于目前企业智能建造应用现状及对标智能建造发展趋势，对未来智能建造人才岗位及能力需求展开调研。调研内容主要聚焦四个部分进行展开。

第一部分是了解被调查者的基本情况，主要是了解被调查者的单位性质、岗位以及对智能建造的理解程度等情况。

第二部分是对智能建造的人才定位进行判别，同时结合当前企业智能建造发展应用现状，对标智能建造的发展趋势，判定智能建造岗位人才需求。

第三部分结合智能建造人才培养，调研我国高校已经启动的立体式智能建造专业设置，助推我国智能建造专业人才培养，围绕人才的入学、学习到就业的企业关注的闭环要素。

第四部分是结合行业对智能建造发展趋势的分析，深入企业调研智能建造未来发展趋势及应用场景，形成智能建造应用场景核心点。

3.1.2 样本说明

本次智能建造行业调研对象涵盖了建筑全产业链的设计、生产、施工、运维相关的头部企业，区域包括北京、上海、杭州、广州、深圳、重庆、西安等城市，调研的样本代表了一线发达区域的头部企业在智能建造领域的发展水平，调研样本涉及共300家企业。

本次调研共收到有效问卷 221 份。从单位类型上看，本次问卷调查覆盖包括政府或行业主管单位、建设及开发单位、勘察设计单位、施工单位、咨询机构、科研及教育机构和 IT 服务商等不同性质的单位共 221 家。其中，来自施工单位的占比最多，为 57.01%；其次是建设及开发单位，占 20.81%；来自咨询机构和 IT 服务商的占比相近，分别为 5.43% 和 6.33%；来自政府或行业主管单位和勘察设计单位的占比相同，均为 3.17%；还有 2.26% 的被访对象来自科研及教育机构；来自行业协会/学会和材料/设备供应商的占比较少，为 0.45%；还有 0.92% 的被访对象来自其他类型企业单位，如图 3.1 所示。这表明本次调查覆盖范围较广，被访对象更多来自施工单位和建设及开发单位，体现了一定的行业代表性。

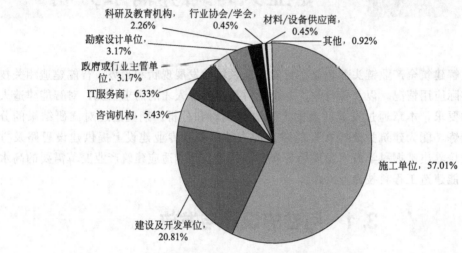

图 3.1 被访对象所在的单位类型统计

从被访对象所在单位地区分布情况来看，被访对象所在单位主要分布在华东地区、华北地区，分别占比 17.64% 和 63.35%；华南地区、华中地区和西南地区分布情况趋近，分别占 4.07%、5.88% 和 4.98%；西北地区和东北地区分布较少，分别占比 1.36% 和 2.26%，如图 3.2 所示。可见，被访对象所在单位主要集中在华东、华北、华中和华南等经济较发达区域。

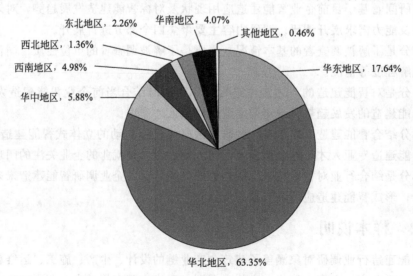

图 3.2 被访对象所在单位的主要分布区域统计

从工作年限来看，被访对象中从业时间为 1～3 年的人数为 13 人，占 5.88%；从业时间为 3～5 年的人数为 39 人，占 17.65%；被访对象从业时间 5～10 年的占比最多，为 41.63%；还有 77 人从业时间为 10 年以上，占 34.84%，如图 3.3 所示。这表明，参与本次调查的被访对象有着丰富的工作经验，超过七成的被访对象从业时间超过 5 年，代表了一定的专业性。

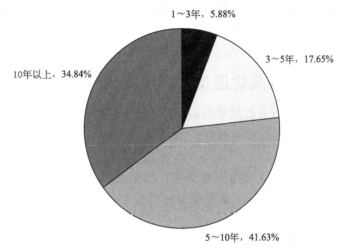

图 3.3　被访对象的从业时间分布

3.2　基本情况分析

3.2.1　行业企业对智能建造的理解

本次调研对智能建造的概念设置了专门问题，通过调研发现企业在智能建造方面并未形成统一的看法，调研的产业链的头部企业管理人员及行业专家对智能建造的理解也各不相同。

综合大家的看法，可以概括为"在政府引导、建筑业转型升级的大背景下，通过 BIM、装配式、人工智能、大数据、云计算、物联网等新技术进行对建筑的设计、生产、建造过程、管理模式、生产方法等方面的新技术创新应用都属于智能建造的范畴"。

大家普遍认为 BIM 技术是智能建造的载体，标准是智能建造推广发展的基础，也是制约相关新技术发展应用的瓶颈。

以下是各专家提到的对于智能建造的理解：

理解 1：以标准为基础，以 BIM 为载体，以数据及平台驱动项目精细化管控分析，机械智能化作业，以提升建造效率的方式都可以称之为智能建造。

理解 2：通过数字化、信息化、智能化等先进手段，结合各种先进技术，实现建筑全生命周期内生产模式的自动化与智能化，以解决复杂工程业务问题的方式都可以称之为智能建造。

理解 3：智能技术（云计算、大数据、AI、人工智能、5G 等）与先进的工业化技术（结构技术、设备生产技术、材料技术等）深度融合所形成的工程建造的创新模式都可以称之为智能建造。

理解 4：对建筑领域相关的设计、生产、运输、装配、施工和运维全产业链进行全方位升级，同时融入智能化平台、智能化管理、智能化产品和智能化材料的一种工业化模式都可称之为智能建造。

理解 5：业务全面线上化，利用区块链等技术统一专业术语定义和标准，全面规范化行为管理、全面信息化、数字化平台应用，消除协议和边界，所有人都是规则制定者和决策者的一种建筑业的模式都可以称之为智能建造。

……

3.2.2 行业企业智能建造技术应用现状

本次调研发现智能建造行业的技术发展领先于行业的整体发展，不是阻碍行业发展的核心因素。部分头部企业勇于尝试和探索新技术应用，但基本以点状应用为主，还无法实现全行业应用。

目前 BIM、装配式、智慧工地等在企业实际项目中应用较为普遍，但目前新技术应有的价值尚未普遍显现。建筑机器人、大数据等前沿技术在建筑领域尚处于探索阶段，少数头部企业正在进行研究和试点应用。

产业链前端设计方的技术开发与应用表现突出，包括 BIM 正向设计、BIM 设计平台、装配式深化设计等应用较为普遍且趋向成熟，已成为设计领域的基本应用和岗位的必备能力。

智能建造的相关技术包括 BIM 技术、云技术、大数据技术、物联网技术、移动互联网技术、AI 技术、装配式技术、建筑机器人与智能装备、GIS 技术等新技术。

对支撑智能建造的关键技术、智能建造领域应用较为成熟的技术、智能化装备、智能建造必需的基础软件系统应用现状进行调研，相关结果如下：

调查结果如图 3.4 所示。智能建造的关键支撑技术这一问题中，被访者认为感知技术（物联网、实时定位、3D 扫描等）的优先级最高，同意人数达到总人数的 71.49%；次优先级为控制技术（自动化、机器人等），获得了 52.49% 的被访对象的认可；排在第三位和第四位的分别是分析技术（大数据、人工智能等）和传输技术（互联网、云计算、5G 等），作为智能建造的关键支撑技术获得被访者的认可度分别达到了 45.25% 和 41.18%。其他可以支持智能建造发展的技术有表现技术（虚拟现实、增强现实、混合现实等）、存储技术（BIM、GIS、区块链等）和计算技术（固定终端、移动终端、触摸终端、服务器等）。另有 1.36% 的被访认为除去上述技术之外，还有其他技术也可以作为智能建造实现的支撑技术。通过上述的调研，可以发现，智能建造的发展是多种技术交叉融合、相互作用、协同发展之后的结果，不仅需要建筑信息模型（BIM）技术和城市信息模型（CIM）技术等作为底层的模型表达和存储基础；也需要 5G、物联网等通信技术为建筑全生命周期中的信息采集、信息处理和信息传输提供数据沟通支持；同时还需要人工智能、大数据给生产、施工环节中的智能分析、智能管理、智能操作提供智能化的技术支持；还需要虚拟仿真、数字孪生技术为虚实融合、数据可视化呈现提供信息表现支持。由此可见，这些技术可以独立存在，但是又共同参与到了智能建造的各个环节中，共同构建成为智能建造的技术体系。

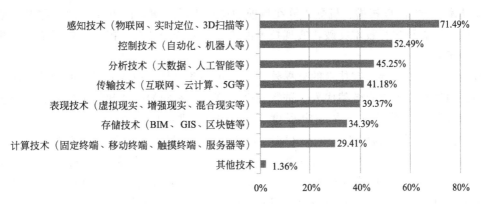

图 3.4 被访者认为的智能建造的关键支撑技术

结合《2021 年行业报告——智能建造应用与发展》中智能建造的关键支撑技术及专家观点，可以看出智能建造技术具有较强的综合性，感知技术、控制技术、分析技术、传输技术、表现技术、存储技术、计算技术等新技术在建筑领域均有一定的结合点及应用方向。

在对上述技术在当前应用的成熟度的认可上（图 3.5），传输技术（互联网、云计算、5G 等）获得了 70.59% 的被访对象的认可，这得益于通信技术的发展给我们带来了丰厚的互联网红利。次之的为计算技术（固定终端、移动终端、触摸终端、服务器等），有 49.77% 认为该技术的应用在现阶段已经比较成熟，这是考虑到了各种终端的计算能力和渲染能力一直在飞速发展，比如手机，已经可以相当于一台小型电脑。另有相似占比的被访人员认为在当下应用比较成熟的技术还可以有存储技术（BIM、GIS、区块链等）和感知技术（物联网、实时定位、3D 扫描等）。认可分析技术（大数据、人工智能等）在当前拥有了比较成熟的应用的人员占比为 33.03%，而认可表现技术（虚拟现实、增强现实、混合现实等）在现阶段应用比较成熟的人员占比只占到了 20.81%，这是考虑到人工智能等在技术研究上非常前沿，但是在实际应用上却不是那么普遍，需要进一步打开应用空间，且最近比较火的元宇宙，还处于概念设计的阶段，并未真正商业化应用。最后，仅有 9.05% 的被采访者认为控制技术（自动化、机器人等）在当前有比较成熟的应用。机器人的研究虽然一直是研究的重点，但是由于其容错率还有高昂的成本，在打开市场上还需要一段时间。还有 0.45% 的被访对象认为在智能建造发展的当下，比较成熟的技术除上述罗列出来的还有别的。由此可见，当前应用相对比较成熟的大多是一些底层支持的技术比如传输技术、计算技术，以及一些基础的数据存储采集技术，比如存储技术和感知技术等，而其他的涉及新型的

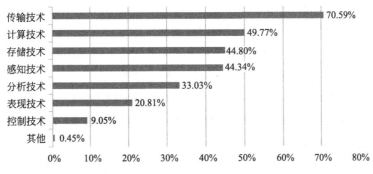

图 3.5 被访者认为的现阶段应用较为成熟的技术

智能化技术，比如 3D 扫描、机器人等在目前的应用尚需要更多的发展空间。需要在基础技术的基础之上着重进行技术突破，实现技术的跨专业融合和结合，探究出更适应智能建造的合适应用场景。

智能建造除了需要关键技术的支撑外，智能化装备也是实现智能建造的重要载体。人与机器的协同建造，可以有效替代人工进行安全、高效、精确的生产和施工作业，规避安全风险，节约资源，提升效率，在一定程度上推动智能建造的应用发展。调查显示，多达 81.90% 的被访对象认为建筑机器人（砌砖机器人、检测机器人、测量机器人、喷涂机器人等）可以加快智能建造；超过半数的被访对象认为智能化生产设备（3D 打印等）能加快智能建造，占 52.94%；被访对象认为智能模架、智能化升降设备（施工电梯等）也可以加快智能建造，分别占 43.44% 和 41.18%；还有 35.29% 的被访对象认为钢筋工程工业化也可以加快智能建造的进一步实现；3.17% 的被访对象认为其他装备的智能化也会加快智能建造，如图 3.6 所示。可见，无论是建筑机器人、智能化生产设备还是智能模架等智能化装备都成为加快智能建造的关键因素。装备的智能化对于智能建造的进一步实现同等重要，通过加快建筑机器人及智能施工设备等的研发应用，可以有效提高建造过程的安全性以及建筑的经济性、可靠性，真正推动智能建造的发展。

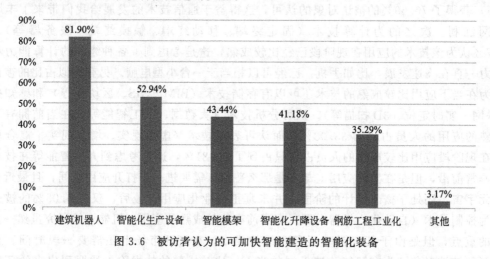

图 3.6　被访者认为的可加快智能建造的智能化装备

在智能建造必须具备的基础软件系统上，经过调查得知（图 3.7），BIM 应用软件（建模、分析、管控、运维等）获得了基本上所有被访者的认同（占比高达 95.93%）。排在第

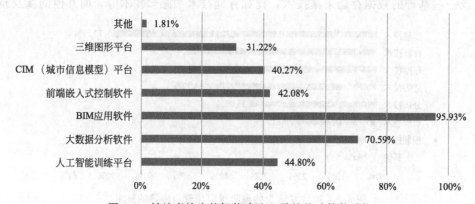

图 3.7　被访者认为的智能建造必需的基础软件系统

二位的基础软件系统是大数据分析软件，认可的被访者占比为 70.59%。有 44.80% 的被访者认为人工智能训练平台也是智能建造必需的基础软件系统。紧随其后的是前端嵌入式控制软件和 CIM（城市信息模型）平台，认同人数的占比分别为 42.08% 和 40.27%。认可三维图形平台作为智能建造的必备基础软件的人数占比为 31.22%。通过此次调研可以看出，BIM 应用技术在智能建造发展中是必不可少的，无论是 BIM 应用软件还是大数据分析软件，数字化都是智能建造发展的前提和基础。

同时，调查显示，被访对象认为推动智能建造落地要解决"国家政策的引导和落地"占比最高，达 82.81%；超过半数的被访对象认为推动智能建造落地要解决的问题包括"应用软件/平台的成熟和适用性"和"全过程信息化数据的打通"，分别为 61.99% 和 59.73%；此外，"投入成本的控制""标准规范的健全"和"技术体系的完善"也被认为是推动智能建造落地行业要解决的问题，占比相差不多，分别为 38.91%、38.46% 和 34.84%；还有 0.45% 的被访对象认为推动智能建造落地要解决其他问题，见图 3.8。

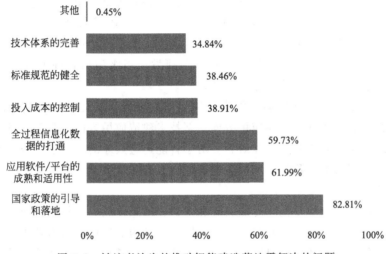

图 3.8　被访者认为的推动智能建造落地需解决的问题

虽然中国的建筑业整体水平属于世界前列，国家近年来推出的一系列政策也在鼓励和推进智能建造行业的发展，但产业链各个环节相对脱节，从市场和应用端来看，行业推进智能建造面临以下挑战：

首先，市场需求动力不足，现阶段企业更加关注成本和自身发展，行业缺乏统一的领军企业与人才引领，除个别大型企业外，绝大部分中小型企业并不主动探索相关技术，作业方式仍较传统。

其次，跟其他已实现工业化、智能化与数字化的行业相比，建筑业业内还没有形成统一的标准，产业链各个环节的企业之间信息难以传递，各方都有自己的应用标准和流程，导致以 BIM 为代表的智能建造基础应用目前也无法完全发挥出应有的价值，存在大量的重复工作和建设情况。

再次，智能建造相关新技术应用尚不成熟，新技术的应用短期会增加成本和工作量，导致部分企业开发和应用新技术的热情不高。

最后，智能建造前期投入比较大，短期应用价值不凸显，施工劳动力素质与文化水平相对偏低、相关专业人才短缺，缺少有效的管理模式和信息化平台等也是智能建造发展较缓的原因。

3.2.3 企业对于智能建造人才的期望

从本次调研的行业头部企业对智能建造概念的理解来看，目前智能建造在企业中没有明确和完全匹配的人才岗位出现，企业也没有专门针对智能建造储备相关人才。

企业认为从智能建造行业发展趋势来看，企业急需在各个建造阶段有相关的人才储备，而且缺口非常大，各企业对人才的需求呈现一致性，且具有一定的项目实践经验。

从能力要求上来看，行业内人才需求大致可以分为两类：

一类是要求在本身建筑的某个专业领域精通，同时能够兼顾建筑信息化（懂建筑信息化、数字化）、建筑工业化（懂工业化流程）、建筑智能化（懂大数据、人工智能等智能化技术）、BIM 技术及其应用（包括产业链生产方和施工方的 BIM 实施及应用）等某一领域的垂直型人才。这类人才企业的需求量极大，是智能建造企业发展的必备型人才，可通过外部招聘获取。

另一类是具有跨界能力的复合型管理人才，要求在熟悉整个项目管理的同时懂技术、会算法，能了解整个系统工程运作流程的人才。这类人才企业需求量并不大，但能力要求极高，是不可或缺型高端复合型人才，此类人才的能力一般需要企业多年内部培养才能达到。

从需求类型上来看，主要有智能装备设计与研发、高级项目管理人员、BIM 高端人才（BIM 经理、建造指导师）、平台开发人员等。

从技术方向上来看，缺乏各类新技术应用型高端人才，具体技术包含 BIM 技术方向、装配式技术方向、智慧工地规划与应用方向、新技术建造应用方向、智能装备操作方向等。

随着行业的竞争越来越激烈，建筑企业对于智能建造人才的个人素质也越加重视，期望相关人才需要具备强大的自我学习和问题解决能力，有对于政策的解读能力，有项目管理的思维、创新意识等。

对学生能力的关注点主要包含专业基础和知识、信息化能力、新技术应用能力等，希望学生能够专注在某一专业领域，并能掌握该领域的一定的信息化和前沿技术的应用。

未来行业智能建造人才的缺口巨大，综合相关媒体报道来看：智能建造技术人才缺口主要体现在智能设计、智能装备与施工、智能运维与管理等专业领域，而且，在未来 10 年，建造行业的从业人员中，技术与管理人员在该行业总从业人员总数占比需要达到 20%（目前该比例仅为 9%），未来的人才需求和院校的人才培养数量存在着巨大的缺口。

而智能建造人才既具有土木工程师具有的技术能力，又具有智能型土木人才的复合知识结构，就业前景广阔。其既可以选择房地产、勘察设计、施工、监理公司等传统建筑工程行业，也可以服务新房地产、BIM 咨询、建筑机器人研发和绿色建筑等建筑业新技术单位。据行业预测，智能建造技术人员缺口将大于 100 万人，智能建造人才将迎来供不应求的就业前景。

3.2.4 建筑行业的智能建造发展是大势所趋

建筑行业从传统的碎片化、粗放化的生产、管理方式中解脱出来，朝着装配式设计、装配式生产、装配式施工为代表的工业化、信息化、精细化、智能化方向的发展升级是政府导向、社会需求、企业驱动下的必然趋势。建筑行业需要在新型技术的牵引下，以建筑工业化为内核，以信息化为抓手，以绿色化为目标，通过绿色化、工业化、信息化的融合，走出一条竞争力强、资源集约、环保绿色的可持续发展道路[53]。在此基础之上，还需要全方位更新、塑造建筑行业的全产业链，以创新推动技术和管理能力的提升，从而推动员工工作能力的升级，带动企业更快更好地发展，顺利完成建筑产品的全过程-要素-参与方的全面升级，完成建筑行业到现代工业化水平的提升。

本次调研被访企业专家普遍认为智能建造是行业发展的大趋势，也是国家和政策引导的大方向，头部企业推进智能建造行业发展的意愿较强烈，主要出于政策导向、行业发展趋势和企业自身战略选择等多方面的考虑。

智能建造目前尚处于起步和探索阶段。虽然智能建造是大势所趋，但我国建筑行业的智能建造目前尚处于起步和探索阶段，虽然机械化和自动化部分已经实现，平台化在产业链部分环节得到应用，BIM、装配式、智慧工地等在企业实际项目中应用较为普遍，但目前新技术应有的价值尚未普遍显现。而建筑机器人、大数据等在建筑领域尚处于探索阶段，少数头部企业正在进行研究和试点应用，相关技术还需要较长时间的发展和应用才能逐步成熟。建筑业要全面实现信息化、数字化和智能化，预计还需 5～10 年时间，过程需要全产业链的协同发展。

推动智能建造落地需要多方共同发力。调研结果表明，智能建造不仅需要国家层面的政策支持，更需要各个地区和相关部门的引导落地，还需要相关软件平台的支撑以及数据的协同打通。相关专业人才的缺失使得智能建造的推进速度慢。建筑行业转型升级高质量发展不仅需要大量的建筑从业人员，而且由于 BIM、装配式、人工智能、大数据、云计算、物联网等新技术在建筑的设计、生产、建造过程、管理模式、生产方法等工程建造方面的融合创新应用都属于智能建造的范畴[33]，因此，智能建造从业人员的知识结构要从单一型向交叉型转变，素质结构要从单功能向复合型转变。

总之，行业推动智能建造落地需要从政策引导、技术平台支撑、标准体系构建、资金成本投入、从业人员培养等多个方面共同发力，从而推动智能建造落地应用。

3.3 本章小结

3.3.1 企业智能建造应用现状及发展趋势总结

通过本次调研基本达成以下几个方面的共识：

（1）目前行业对于智能建造的概念没有统一的定义和认知，但普遍认为在新技术的使用方面，只要涉及提质增效的都属于此范围。

（2）智能建造涵盖了建筑全产业链，包括设计、生产、施工、运维等多个关键环节，需要全产业链的各环节协同发展。

（3）智能建造的相关技术包括 BIM 技术、云技术、大数据技术、物联网技术、移动互联网技术、AI 技术、装配式技术、建筑机器人与智能装备、GIS 技术等新技术[54]。

（4）智能建造是行业发展的大趋势，目前尚处于起步和探索阶段，相关技术还需要较长时间的发展和应用才能逐步成熟。

（5）对于智能建造人才的培养，企业专家普遍认为不是一个专业能解决的问题，高校"智能建造专业"需要根据学校的优势与就业方向分方向培养。

（6）对于智能建造人才的培养，企业专家普遍认为需要培养建筑基础理论扎实，且充分融合信息技术、智能装备、物联网、机器人等新技术领域的人才，同时需要加强素质教育，提升学生的自我学习能力、数据分析能力、逻辑思维和创新能力。

　　智能建造是一个高度集成的建造系统，涵盖了科研、设计、生产、施工、装配、运维等多个环节，从建造阶段来说，也可分为智能设计、智能生产、智能施工、智能运维等过程。从调研结果中可以看出（图3.9），智能施工被认为是智能建造实现过程中的最关键的环节，在受访人群中的选择占比高达73.30%；排列其后的是智能生产和智能设计，选择这两项的受访人群分别占比63.35%和56.56%；另外认为智能运维是智能建造关键环节的受访人群占比为44.80%；除此之外，有37.56%的被调研人员认为智能装备也是关键环节，有36.20%的人选择了建筑产业互联网平台作为关键环节之一。基于此，智能建造的实现并不是单个因素能独立完成，而是需要在设计、生产、施工、运维的各个环节协同工作、共同发力，同时需要借助于产业互联网平台来打通建筑全生命周期各个环节的数字化、信息化、智能化，从而把智能建造的实现真正落地，完成建筑行业的革新和转型。

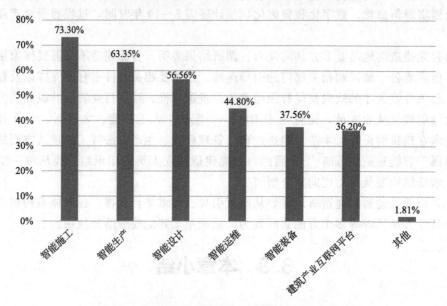

图3.9　被访者认为当前实现智能建造的关键环节

　　综上所述，总体来看，目前智能建造还处于低水平，随着智能建造的实践，它必将逐步提升到更高水平。智能建造的发展归根到底是通过智能化系统的发展推动的，而后者需要一定的技术和管理上的突破来支撑。一般来说，智能化系统主要可以分为两类，一类是技术类智能化系统，另外一类是管理类智能化系统。为此，本节分别从智能建造技术和智能建造管理两个方面来展望智能建造的未来发展趋势。

　　（1）智能建造技术方面

　　满足建筑行业需求的3D打印技术。在现有的3D打印技术的基础上，解决应用体系、打印材料、打印设备等问题。例如，目前市场上可以买到的3D打印设备大多数是实验室用的，可打印的体积一般在1m^{3}以内，而在建筑工程中需要更大尺度的3D打印设备，因为建筑工程的部品/部件的尺寸都比较大。这样一来，需要研制专门的打印设备。实际上，大尺度的3D打印设备的研制伴随着很多技术难题。以上海建工机械施工集团公司研制的3D打印设备为例，设备尺寸为25m×4m×2.5m，在研制过程中解决的主要问题包括：如何对材料进行改性使之满足结构部件需求，如何保证打印的材料层间的黏结力，如何保证打印精度，如何优化打印头运动路径，如何提高打印速度等一系列问题。

　　不断发展的行业重器智能装备技术。这样的装备技术对于建筑行业和建筑企业，就像先进制造生产线对于制造行业和制造企业一样重要。今后建筑行业和建筑企业需要更多满足现实需求的、专门的智能装备。例如，我国目前正在大量建设高铁车站、会展场馆、机场等公共建筑，现有的用于超高层建筑的装备就无法应用，完全可以研究开发专门的装备。例如，这些大型公共建筑都需要架设大面积屋顶，为什么不能有架设屋顶的智能装备呢？又如，这些大型公共建筑一般都拥有大面积的玻璃幕墙，为什么不能拥有专门用于架设幕墙的智能装备呢？当然，这样的装备应该具有通用性，即使在不同的工程项目中设计变化较多，也能够使用。另外，这样的设备必须高效，否则利用意义就不大了。同样重要的是，它能够使大型公共建筑施工更加安全，质量更加有保证。

　　更加实用的建筑自动化和机器人技术。在过去 40 多年中，关于建筑自动化和机器人的研究开发从数量上看相当多，但真正成功地应用在实际过程中的占不到总数的 10%，而从研究到实际应用往往会花上若干年的时间。近年来，BIM、3D 打印、计算机视觉、物联网、大数据、人工智能等新技术的迅速发展，使它们可以直接用于建筑行业的生产过程，同时也作为支撑技术为自动化和机器人技术的发展提供了有力支持。可以预见，在建筑自动化和机器人技术方面，将会有更多的研究利用新兴信息技术等有利条件，不断深化已有的研究，使建筑自动化和机器人技术向实用化发展。这是一个迭代的过程，这个过程需要时间，需要经过对系统的不断打磨和改进，从一个阶段走向更成熟的下一个阶段，直至实用阶段。根据现有经验，在其中，往往没有捷径可走，不可能一蹴而就。

　　高度智能化建筑机器人技术。最近数年，人工智能技术在认知方面取得了突破，可以更好地识别语音和图像。与语音识别相关的技术包括语音识别、自然语言处理等；与图像识别的相关技术包括机器视觉、指纹识别、人脸识别、视网膜识别、虹膜识别、掌纹识别等。与认知相关的综合智能的发展无疑为人工智能在建筑工程中的应用提供了新的可能性，它让计算机可以像人一样去感知它的周围环境，形成它的信息输入，并通过计算智能完成一定的工作，从而使建筑机器人具有更高的智能。

　　面向智能建造的模块化技术。建筑工程的智能建造也可以从制造业的智能制造获得启发。建筑工程的施工顺序一般是，先主体结构，然后维护结构，最后装修。随着建筑工业化的发展，行业开始分别采用装配式结构、装配式装修等技术，这种做法基本上还是在沿用传统的施工顺序。反观制造业，以造船业为例，其施工过程与建筑施工过程是不同的。根本不同点在于，在部品/部件的生产阶段，已经将结构和装修集成在一起形成模块，实现模块化生产。这样一来，一旦装配完成，施工就完成了。这在技术上提出了更高的要求，即需要各部分之间的无缝衔接，因此在模块设计过程中 BIM 技术的应用必不可少。例如，在实现机电设备机房的装配式施工时，需要利用 BIM 模型，先在模型上尝试并确认将整体拆分成一个个的模块，然后按所设计的模块在工厂里进行生产，最后在现场对模块进行组装。

　　（2）智能建造管理方面

　　全过程可视化管理。BIM 技术使得人们在设计、施工以及运维过程中，能将需要面对的对象在计算机中以形象直观的方式显示出来，从而解决一般人们依靠想象力难以把握复杂事物的问题。例如，在运维管理中，管理人员在 BIM 模型中，可以任意切换到他所关心的楼层，点击他所关心的设备后，获得该设备的信息，或者通过点击启动该设备，或者查看该设备迄今发生的所有维护维修记录。而维修人员在维修一个设备时，利用手机，就可以打开相关的 BIM 模型，然后通过在 BIM 模型上点击该设备，可以查询该设备的配件型号；在完成维修后，将维修过程中所完成的维修内容，上传该信息后，系统将自动地实现这些信息与 BIM 模型中的该设备的绑定。

基于数字孪生的决策支持。数字孪生既是一种理念，也是一种方法，是指对应于实际物体，在计算机中建立它的模型，该模型不仅可以反映它所对应的物体的形状，还可以用于对其物理特性和行为进行仿真，甚至实现虚实互动。目前，尽管数字孪生的概念已经形成，但在实际过程中，数字孪生应用和 BIM 应用两者还没有区别开来。实际上，数字孪生应用是更加系统化的 BIM 应用。对于一般工程，按需进行 BIM 应用就够了；而对于大型复杂工程，往往需要全面、实时的数字孪生应用。通过数字孪生应用，可以更好地进行项目决策，为建造过程带来最佳效益。

基于企业大数据分析的决策支持。随着企业信息技术应用的开展，企业不断积累着越来越多的信息，其中包含企业承包过的工程项目的信息、工程项目管理信息以及企业管理信息等。一方面，这些信息在企业开展业务的过程中发挥着重要作用；另一方面，它们对今后企业的决策也有利用价值。通常使用 BI（Business Intelligence，商业智能）工具，这样的工具不仅支持按指定的数据提取项目自动地从已有的数据库中提取数据，并将其保存到数据仓库中，还提供各种分析功能、可视化功能等，以便用户针对有用的数据进行用于支持决策的大数据分析。随着 BIM 应用的开展，设计企业随着时间会积累大量的 BIM 设计模型，一些施工企业已经开始使用基于 BIM 的项目管理系统，而一些企业的设施设备运维管理中也使用了基于 BIM 的运维管理系统。新数据的加入，使得人们可以期待更有效的企业大数据应用。

3.3.2　基于智能建造专业人才画像及培养建议总结

3.3.2.1　对智能建造人才培养的建议

本次调研中涉及企业对于人才培养建议的问题时，专家们普遍表示面对智能建造的发展，高校人才培养方面仍然需要以建筑原有专业的知识为基础和核心，培养建筑基础理论扎实，且充分融合信息技术、智能装备、物联网、机器人等新技术领域的人才，以满足建筑业转型升级新趋势的需求。

专家们同时指出需要加强素质教育，提升学生的自我学习能力、数据分析能力、逻辑思维和创新能力。

3.3.2.2　对智能建造专业建设的建议

本次调研被问及对于高校"智能建造专业"建设有什么建议时，专家们表示智能建造涉及建筑全产业链且涵盖的技术范围较广，对于专业建设有以下建议：

首先，设置的"智能建造专业"应根据就业导向划分不同的方向，如面向设计、生产、施工、运维等不同领域的不同岗位等，同一领域可能还要细分。

其次，在课程和能力培养上，一是要注重原有的建筑基础知识，二是要学习掌握新的信息技术，三是要熟悉了解相关新技术、新设备的原理和作用，具备运用新技术进行项目实施和管理的能力。

另外，对高校"智能建造专业"在课程建设上，建议在建筑基本专业原有理论课程的基础上增加以下课程：应用编程（软件开发技术）、信息技术、数字化技术、物联网技术、数据库知识、工程管理（工业软件技术）、建模技术、自动化技术、BIM 软件技术等。其中适度的编程（软件开发技术）能力是未来智能建造企业人才必备的能力之一。

3.3.2.3 对师资能力培养的建议

随着行业与技术的变革，提出了教学改革与育人新要求，师资队伍的建设步入新阶段。应以新技能、新技术为核心的产业转型升级需要，促进教育链、人才链与产业链、创新链有效衔接。强化师资建设顶层规划，改善师资结构，提升数字化教育、创新、整合资源的能力。建立校企人员双向交流协作共同体。可以从校企共建开发课程、搭建联合培养平台、校企师资互通、共建师资培养基地、科研平台建设等方面开展。

（1）智能建造作为新开设专业，课程体系结构目前还不完善，部分课程需要通过和院校共同建设完成，通过课程共建，让学生掌握专业理论知识与实际企业的结合和运用，同时提升院校老师专业教学能力，加强在智能建造方向的专业认知。

（2）为了强化院校老师对新技术、新教学方法的应用，进一步提高教学水平、科研能力，院校应积极搭建校企交流平台，以研促教。积极组织、参与各类相关研讨会及比赛，成立校企合作委员会，由企业专家与院校负责人及专业骨干教师组成，定期或不定期开展活动，邀请业内专家举办专题讲座，研究技能人才培养培训与校企共同发展等重要问题，推动校企合作工作的开展。

（3）邀请企业专家、工程师、专业技术人员入校授课（兼职），通过将实践一线的人员引入学校，可以给学生传授最新的实践技术、最真实的实践场景、最落地的实践经验；同时，邀请这些专家和骨干参与到专业的人才培养过程中，通过实践需求引导人才培养方向，把控人才培养方案。高校老师也需要到企业中参与实践和顶岗学习，到一线中了解企业生产、管理的流程，熟悉对应岗位的需求标准和工作规范；了解企业的文化和管理理念，对于提升教师实践能力，培养"双师型"教师团队具有非常重要的作用。

（4）校企共同建设师资培养基地，承接全国院校智能建造专业建设的师资培训及本区域内其他人才（在职工人、复转军人、下岗工人、农民工）技能提升培训，共同设计培养方案，企业将企业理念、企业文化、企业管理等融入教学过程中，全面提升学校的人才培养质量和社会服务能力。

（5）共建科研创新中心，围绕智能建造相关技术在建筑产业中的学习和应用展开科研工作。科研中心主要包括两个部分，一是共建科研创新实验室，另外是共研课题、共享成果。

第4章

校企合作视域下智能建造专业人才培养体系构建

4.1 校企合作智能建造专业建设思考

基于校企合作智能建造专业建设维度的思考,本书站在企业的视角,围绕校企合作从人才培养、专业建设、师资队伍建设、服务地方以及三教改革落地等方面进行系统思考,落地智能建造专业人才培养体系构建与支撑,通过政企行校社的五维构建,在政府及行管单位的指导下,充分发挥学校、企业资源优势,携手并进,形成"双向赋能,优势互补"的合作共赢局面,实现"校企深度合作、人才高质培养、产教融合互通"的共享共赢目标。

结合过去校企合作在智能建造专业的建设实践,站在企业角度来看,围绕高校智能建造专业人才培养体系构建及支撑体系落地,将携手政产学研等生态组织,紧跟产业政策、行业标准与智能建造人才需求的标准,围绕课程产品打造人、课、场、法、管、服六个维度课程设计实践数字化教学;融合建筑产业新设计、新建造、新运维的数字建筑新要求,打造贯穿智能建造专业人才培养的"备、教、练、考、评"教学全流程的新型课程体系,并围绕学—做—教—展—研,通过校企共建智能建造产业学院,建设智能建造认知-知识-实践中心,包括数字化综合实践中心、数字孪生实践中心、建筑工业化实践中心、人机协同实践中心等,全方位实现智能建造人才培养体系实践支撑落地,如图4.1所示。

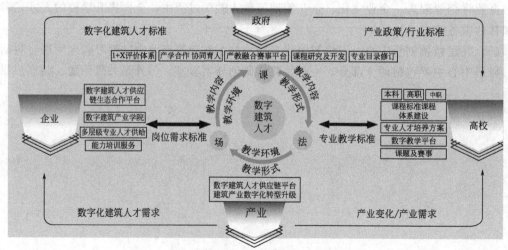

图 4.1 校企合作智能建造专业模式

据此,结合前面的调研分析研究,在吸纳行业企业专家的意见和建议的基础之上,针对智能建造专业人才培养体系的基本要素识别及结构性联系的维度,展开线下定向专家访谈,访谈的对象有行业协会专家、企业专家及高校专家,还有往届学生,结合大家的访谈结果从以下几个方面进行系统化分析及架构,围绕校企合作智能建造专业建设思考,从而来搭建校企合作视域下智能建造专业人才培养体系。

4.2 智能建造专业定位的确定

以土木工程、工程管理、计算机科学与技术、机械电子工程等学科理论为基础,重点围绕智能建造各阶段应用技能与综合实践开展人才培育。需要注意的是智能建造是一个跨学科、多专业的领域,而面向智能建造方向的人才培养,建议分类型、分阶段、多方向地培养,而不是全部的知识与技能"堆砌"在学生身上[55]。

基于智能建造行业人才需求,围绕模块化、多方向、多要素构建人才培育方向,以工程建造为主线,融入数字化、工业化、智能化等核心要素的方法基础理论与应用实践,培养能适应和驾驭未来的智能建造复合型人才。

根据对已开设智能建造专业的院校进行定位分析,可以得出两个关键特点:"方向"和"侧重"。方向指的是以工程建造的核心为专业方向,如基于土木工程的智能建造、基于工程管理的智能建造等;侧重指的是从"智能"的角度,和工程建造专业方向结合应用的培养重点,如基于土木工程的智能建造中,以智能化施工、智能化设计为两大培养侧重。可以按照不同方向,设置不同模块的课程,并加以组合,形成专业培养特色和主线,如图4.2所示。

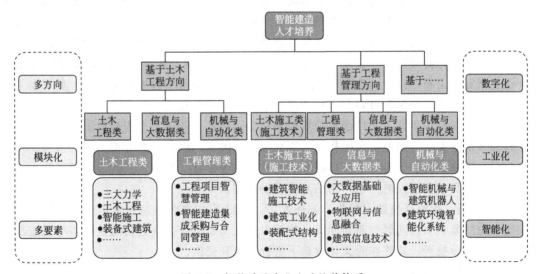

图4.2 智能建造专业人才培养体系

智能建造专业定位:培养具有科学与人文素养,面向未来科技与工程发展,适应国家发展战略和建设需求,德智体美劳全面发展,具有扎实的理论基础,综合能力优秀,科学与人文素养深厚,掌握土木工程、电子信息科学与工程、控制科学与工程、工程管理等学科的基本原理和基本方案,掌握智能建造的相关原理和基本方法,获得工程师基本训练,能胜任建筑全生命周期的数字化设计、工业化建造、智能化施工、智慧化管理等工作,具有终身学习能力、创新意识、组织管理能力与国际视野的创新复合型高级工程应用人才。

4.3　智能建造专业人才能力分析

在人才培养规格方面，智能建造专业同样可以对标专业认证的规格要求，同时应结合智能化、数字化等特色培养融入，通过专业学习，毕业生应获得以下几个方面的知识、能力和素质。

（1）工程知识：能够将数学、自然科学知识以及土木工程、工程管理等基础理论和本专业知识用于解决智能建造设计、施工、管理中的复杂工程问题。

（2）问题分析：能够应用数学、结构基本原理和机械（电）、人工智能等基本理论对智能建造的复杂工程问题进行识别，并运用图纸、图表和文字等技术方法准确表述；能够初步运用文献、规范、标准等研究分析智能建造的复杂工程问题，并获得有效的结论。

（3）设计/开发解决方案：在研究制定设计方案或施工方案时，能综合考虑社会、安全、健康、法律、文化以及环境等因素；能完成满足特定需求的工程结构、构件等功能单体设计；针对复杂工程问题，能够考虑新工艺、新设备、新技术、新材料，提出具有一定创新性的解决方案。

（4）研究：针对本专业的复杂工程问题，具备初步的科学设计实验能力，能够运用科学方法开展实验测试与检测，并对实验数据进行合理的收集、处理和分析，能够通过信息综合得出有效结论并用于指导工程实践。

（5）使用现代工具：掌握文献检索的基本方法，具备使用现代信息技术工具收集、分析、判断和选择意向目标的信息的能力；熟悉智能建造相关的现代工程工具的使用方法，能对复杂工程问题进行数值建模计算，并对预测与模拟结果的有效性和局限性进行合理分析。

（6）工程与社会：能够考虑社会、健康、安全、法律及文化等工程伦理因素评价房屋建筑、道路桥梁等工程项目的设计、施工、运行方案和复杂工程问题的解决方案；了解土木工程新材料、新工艺、新方法以及所带来的社会影响，理解土木工程师应承担的责任。

（7）环境和可持续发展：了解工程建设行业的政策法规，能够正确理解和评价房屋建筑、道路桥梁等工程的设计、施工和管理方案对环境、社会可持续发展的影响，具有在工程实践中推广使用节能环保新材料、重视节能节水、进行绿色建造的意识。

（8）职业规范：具有人文社会科学素养和社会责任感，能够在工程建设实践中理解并遵守工程职业道德和行为规范，明确作为工程师在贡献国家、服务社会方面的责任担当。

（9）个人和团队：具有团队合作精神，能够在工程设计、施工、管理等建设团队中承担个体、团队成员或负责人的角色，团结协作开展工作。

（10）沟通：能够通过撰写报告、陈述发言、答辩等方式准确表达专业见解，能够就智能建造领域的复杂工程问题与业界同行、相关专业人员及社会公众进行有效沟通与交流，并具有一定的国际视野，能够在跨文化背景下进行沟通和交流。

（11）项目管理：能够理解、掌握、应用工程管理原理与经济决策方法，结合智能化技术对工程建设项目进行技术经济分析，并具有组织开展工程设计、施工和管理的能力。

（12）终身学习：能正确认识终身学习的重要性，具有自主学习的能力，具有追踪新知识的意识，具有适应行业发展的能力。

4.4　智能建造专业岗位能力分析

目前行业尚未出现很多专门的智能建造岗位，通过对相关企业进行调研发现，对岗位人才的能力需求有升级变化。在智能建造的行业发展趋势下，有不少企业的岗位对数字化、信息化应用有了较高要求，在掌握原有岗位核心能力的基础上，懂数字化工具及平台的运用，能利用各类新技术、新手段、新工具解决原有岗位的核心业务问题，提高效率是根本。对于智能建造的新技术应用，BIM 技术、智慧工地、大数据、物联网、装配式是关键。随着行业未来的发展，智能建造行业新岗位也会随之而来，比如机器人施工的产业操作人员，需要具备操作机器人进行施工作业的职业人员[56]。结合智能建造企业及行业调研分析，智能建造对应的岗位人才培养目标如图 4.3 所示：

信息管理员（行业）
针对建筑行业信息化应用管理的新岗位

构件生产企业技术管理
适应构件生产企业需要的质量员、工艺员（行业）

深化设计员（协会）
装配式建筑背景下构件详图设计新岗位

装配化施工技术管理
装配式建筑施工员是国家公布装配式建筑新职业

说明：岗位智能化技术应用能力提升适应未来智能建造新岗位需求。

图 4.3 智能建造对应的岗位人才培养目标

围绕智能建造新型岗位目标构建设计，结合智能建造应用场景及理论知识的梳理，结合智能建造岗位需求，对标岗位能力建立培养目标，将智能建造专业培养要求进行系统化设计。整体来看，智能建造围绕工程建造基础知识，将智能控制技术应用、传感器与物联网技术应用、信息化技术应用进行融合，支撑岗位能力目标的达成，具体岗位知识技能体系，详见表 4.1。

表 4.1 智能建造岗位知识技能体系

分类	应该做的内容	需要的技能	教学范围
基础	建筑基础岗位内容	装配式建筑岗位技能	装配式建筑施工技术专业范围
智能控制技术应用	学习智能设备使用	准确阅读说明书并完成操作	1. 学习智能控制主要部品部件、可编程控制、开关器件、执行机构、传感器（一次回路、二次回路） 2. 了解闭环控制基本原理（一级控制） 3. 掌握组态软件与智能控制关系（二级控制） 4. 掌握常用电参数测试工具使用方法 5. 了解企业设备维护、维修常识
	智能化系统开机	掌握开机流程和设备顺序	
	组态软件使用	通过组态软件启动智能设备运行	
	手动设备操作	熟悉工艺流程和设备操作	
	熟悉工艺流程	专业教学需要掌握内容	
	异常工况急停并按照预案处理	掌握工艺流程和设备智能控制过程	
	设备点检	设备巡检要点	
	智能设备日常维护	智能设备特点及维护要求	
	设备检查	设备拆装，使用工具进行电节点测量并目测判断故障	

续表

分类	应该做的内容	需要的技能	教学范围
传感器与物联网技术应用	学习部品部件使用	准确阅读说明书并完成操作	1. 学习传感器的组成 2. 了解物联网部品部件工作原理（传感器、视频设备选型的主要方法） 3. 了解通信链路基本形式和选择通信链路的主要方法 4. 掌握硬件设备安装方法 5. 掌握物联网硬件设备的检测工具使用方法 6. 掌握物联网软件安装、配置、调试 7. 了解软硬件常见故障和诊断方法
	部品部件安装调试	安装；电源、数据（信号）线连接；测试状态	
	连接通信链路	配置链路；测试状态	
	系统构建的主要形式	掌握系统构建的链路形式；接入信号（通讯）的主要方式	
	软件安装、配置与操作	按照应用软件说明完成软件系统安装、配置、调试，至系统运行正常	
	设备维护	根据设备维护要求完成定期设备检测；目测设备状态	
	故障检修	设备拆装，使用工具进行电节点测量并目测判断故障	
信息化技术应用	软件安装	应用软件和数据库安装	1. 具备根据说明进行软件、数据库等安装调试能力 2. 具备根据需求进行软件配置能力 3. 快速掌握进行软件应用操作能力 4. 掌握系统维护的基本方法
	软件配置	根据软件说明书完成软件（含APP软件）应用前配置任务	
	软件操作	快速掌握软件操作使用	
	功能应用	数据查询、统计、分析能力	
	系统维护	功能修改、数据备份、软件更新、系统恢复性安装	

最终，结合目前行业的智能建造应用现状，仍然是以数字化、信息化为依据稳步推进，距离智能化、智慧化仍有极大的差距，对于行业现阶段人才培养，建议以数字化、信息化为基础，融入院校培养课程重点培养，在智能化、智慧化的维度，加入一些拓展课程，做延伸了解，横向了解智能建造多领域的应用，纵向对标行业现阶段垂直领域的岗位能力变化，提高就业竞争力。表 4.2 为职业发展岗位分析表。

表 4.2　职业发展岗位分析表

岗位	岗位职责及工作任务	知识能力素质要求
BIM工程师	1. 能够搭建建筑、结构、机电 BIM 模型，独立完成各专业构件的 BIM 建模工作； 2. 熟悉 BIM 协同应用流程与交互原则，可以进行多专业的数据协同处理； 3. 熟悉 BIM 软件功能和专业技术规范，掌握 BIM 模型数据交互处理方法，在满足专业图纸规范要求的同时具备 BIM 出图的能力； 4. 可以运用 BIM 技术进行施工方案、施工工艺和施工工序的三维可视化模拟，编制用于指导施工的虚拟施工动画，进行合理性分析与方案调整； 5. 可以运用 BIM 进行计量计价与竣工验收； 6. 可以应用信息化、数字化模型进行协同管理与动态控制	知识要求：熟悉国家的法律法规，掌握建筑结构识图、安装识图、建筑施工技术、建筑安装计量计价、工程项目管理、施工组织设计、工程招投标与合同管理等专业知识； 能力要求：具备建筑、结构工程 BIM 建模能力、安装工程 BIM 建模能力、多专业模型集成应用能力、BIM 造价应用、BIM 施工组织设计应用、BIM 协同管理、数字化全过程项目管理能力； 素质要求：具有爱岗敬业、奋发进取、团结协作的品质，有严谨务实的工作作风，具有较强的语言表达、组织协调和学习能力

岗位	岗位职责及工作任务	知识能力素质要求
技术负责人	1. 利用数字化手段进行工程技术及质量控制，及时编制工程材料计划并做好技术交底； 2. 结合数字化、智能化手段，做好施工组织设计和进度计划的编制，搞好工程测量和复核工作； 3. 严格把好材料试验关，利用数字化平台按时记录施工日志，做好内部资料管理，精心编制竣工资料； 4. 贯彻执行公司质量体系文件和工程项目质量计划，组织开展技术攻关活动，推广应用新技术、新工艺、新材料； 5. 能结合数字化、智能化等各类先进技术手段，融入现场技术生产的管理应用	知识要求：掌握建筑结构识图、建筑施工技术、施工组织与管理、工程计量与预算、建设工程管理等专业技术知识； 能力要求：熟悉施工组织设计或施工方案，比如熟悉施工工艺、工程/材料做法、工种间的搭接次序、时间、部位，含装饰装修与水、电、通风等安装工程的工序衔接；建筑工程施工技术实施与质量控制、技术交底编制、专项施工方案编制、进度编制、施工技术管理，能借助信息化与数字化技术及软件提升现场施工应用及管理； 素质要求：具有爱岗敬业、奋发进取、团结协作的品质，有严谨务实的工作作风，具有较强的语言表达和书面写作能力
项目经理	1. 全面负责施工项目的组织管理和团队建设，对项目实施的质量、进度、成本、安全、文明施工等管理目标负总责； 2. 主持项目总体管理规划、质量计划、施工组织设计的审定；参与图纸会审；参与专项施工方案以及各项保证控制措施的审定；主持项目劳动力、材料（周转工具）、构配件、机具设备、资金等年、季、月、旬需用量计划的审定，并负责组织、督导实施； 3. 严格执行公司财务制度，加强项目预算、成本管理；主持审定月度成本分析报表，对各项工程资金的回收、开支进行有效控制；注重成本信息反馈，及时采取纠偏措施； 4. 负责工程竣工验收申请书的制作和报审，参与竣工验收；负责竣工后的工程保修和项目管理工作的经验总结； 5. 结合数字化综合管控平台，能准确有效地下达管理指令，结合数据BI看板对各项管理指标能分析提取的能力	知识要求：掌握建筑结构识图、建筑施工技术、施工组织与管理、工程质量检验、招投标管理、工程计量与预算、建设工程管理等专业技术知识、工程安全风险管理与应对等； 能力要求：稳固的行业原理技术和工程管理技能素质要求，具有全程操控和组织处理困难因素的能力，提升整体管理技能，包含决断技能、规划技能、管理技能、组织技能、成本控制技能、沟通技能以及交际技能的培育；很好地交流组织技能，具有队伍指挥能力，对项目实施的质量、进度、成本、安全、文明施工的综合管理能力； 素质要求：具有爱岗敬业、奋发进取、团结协作的品质，有严谨务实的工作作风；具有较强的语言表达和书面写作能力；思想正直、为人坦诚、坚持原则、持重宽容；具有职业管理者的道德意识和工作能力；具有克服困难、拼搏进取的精神
智能建造师	1. 建筑信息技术应用与推进工作，围绕智能建造软、硬件系统应用与指导；规划、研究、应用智能建造解决方案； 2. 能够应用现代化技术手段，进行智能测绘、智能设计、智能施工和智能运维管理； 3. 能胜任传统和智能化建筑工程项目的设计、施工管理、信息技术服务和咨询服务； 4. 规划、部署智能建造系统并指导工程实施，保障建造过程质量、安全、成本、进度、合同、信息管理等工作	知识要求：以土木工程专业为基础，融合计算机应用技术、工程管理、机械自动化等各专业学科知识，懂传统工程建造知识、项目管理知识、BIM技术、装配式建筑技术、绿色建筑技术、建筑大数据等知识； 能力要求：具备数字化、智能化、信息化的新型应用手段，熟悉智能建筑、智能交通、智慧工地、智慧建筑、智慧城市、智慧消防等相关应用，具备智能化设计、智能化施工与管理、智能化运维等应用能力； 素质要求：具有爱岗敬业、奋发进取、团结协作的品质，有严谨务实的工作作风，具有学习新技术和创新研究精神

4.5 智能建造专业教学体系构建

4.5.1 模块化体系化课程建设

职业本科智能建造专业课程体系建设与职业教育的中职、高职有着相同的基因，均需要从分析职业岗位所需要具备的技能，再进行归类分析出需求进而设计专业课程体系，该方式就是在职业教育专业课程体系开发中所用的"典型工作任务分析法"[57]。如下则会介绍这种体系构建的过程和方法：

（1）职业岗位（群）工作内容分析

构建课程体系的前提是要对意向培养人才的输出岗位（群）的工作内容进行分析和总结。首先对标行业进行广泛的信息收集、问卷调研和访谈，从各种途径中获取信息并以此确定行业的未来发展方向，并分析出目标岗位（群）对人才的需求内容，即确定专业需要为该岗位（群）培养什么人，也就是确定该专业的培养目标。智能建造工程专业对标的是整个"建筑行业"。随着社会经济的发展，工程建造活动日趋复杂，建筑行业迫切需要进行转型升级。随着云大物移智等新型技术的出现，推动着新一波的产业革命的到来，给我国建筑业的工业化、信息化的战略发展融合提供了机遇，也给工程智能建造模式的打造提供了契机[58]。

通过对建筑行业的分析，可以确定"智能建造"专业的开设是大势所趋，其对标的就业岗位为"土木建筑工程技术人员、项目管理工程技术人员等职业，建筑智能化施工等岗位群"，专业意向培养的是能适应建筑行业数字化、信息化的转型升级，能够从事智能建造施工与管理等工作的高层次技术技能人才。

（2）工作过程要素的拆解与分析

第二个步骤是拆分对标工作岗位的工作过程要素，方便后续提炼经典的工作任务模块。工作过程要素包括"工作过程、工作对象、工具、工作环境、工作方法、工作要求、劳动组织"等。在这里则主要关注"智能建造"专业和传统建筑工程技术工作对比中工作过程要素的变化[59]。

和传统的工作对比，在工作过程中，智能建造专业在施工程序、技术指标方面没有变化；在工作方法上，智能建造专业工作的管理岗位的职责没有变化，实施手段升级为数字化；在工作对象上，智能建造的管理对象变为施工机器人；在工作环境上，智能建造从人工作业为主的环境向机器施工为主的环境转变；对于工作的要求，智能建造更追求质量更高、进度更快、造价更低、更安全、更环保的工作效果。

（3）典型工作任务的抽提和精炼

通过和专业实践专家访谈，深度采集发展性的任务并抽提典型的工作任务。访谈的实践专家会选择来自生产一线且亲身体会"从生手到专家"的过程，能够更准确地描述各阶段的发展性任务，也能从发展性任务中抽提出对标专业的典型工作任务。提炼出来的这些典型工作任务则是后续构建课程体系和课程内容的根本凭据[60]。

和传统的建筑工程技术对标的岗位工作相比，"智能建造"专业增加的典型工作有：智慧工地管理，即以智慧工地平台为基础，对工程现场继续数字化、智慧化的管理；装配式建筑施工，构建"简单化、程序化和标准化"装配式建筑施工现场；信息化技术使用，通过BIM模型对工程造价、进度、质量、安全、资源等进行把控；施工机器人管理，通过机器人施工，提升工程施工等级、改进施工质量、缩短工期、降低成本。

（4）专业核心模块化课程体系设计

按照梳理出的典型工作任务设计专业课程。典型工作任务决定了专业课程的名称和主要学习内容。以"智能建造工程"专业典型工作任务来设计与之对应的专业核心模块化课程[61]。

在此背景下，本研究结合目前行业现状及高校课程体系建设问题，系统性提出智能建造课程体系建设思路。基于行业发展的变化（社会维度）及岗位能力的变化（教育维度）的整体思考，提出了"四流一体"的智能建造专业课程体系设计模式，其主要包括业务流、数据流、案例流和教学流四个维度，其致力于通过一个真实的项目案例（楚雄职教办公楼案例），建立整体框架思维，从项目立项-设计-施工-交付-运维，到项目全生命周期中进行数据流、业务流的演示；通过各阶段实体及虚拟数字孪生模型的任务要求，完成各阶段需要产生的成果，再与相应的专业课程进行对应，形成完整的案例流，达到完整的一体化教学的目的，形成完整的教学体系，如图 4.4 所示。

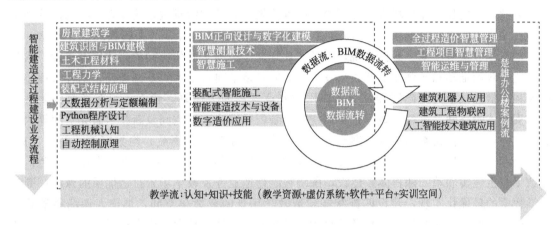

图 4.4　智能建造"四流一体"课程体系设计

在业务流维度，为了进一步打造完整的案例，在工作实践中对智能建造的业务场景进行还原，构建了完整的业务流，其整体思维包括整个项目的设计、立项、施工、交付和运维的全过程[62]。

在数据流构建维度，工作实践中构建了从数字设计到智能生产和智能施工，再到智能运维的数据流全阶段。基于广联达数维设计协同设计平台进行多云端协同，在装配式生产等智能生产过程和智慧工地系统等智能决策系统中建立筑联平台，最后再借助鸿城 InfraFuser、BIMFACE 等体系进行智能运维。

在案例流构建维度，以楚雄职教办公楼为案例，构建了完整的施工建造流程，将智慧设备穿插其中，从而完整了解整个项目建设重难点，达到智慧工地的系统化学习的目的。

在教学流构建维度，打造了智能建造技能、智能建造认知和知识和智能建造综合实训的完整体系。

4.5.2　数字孪生课程教学场景构建

在智能建造知识课程方面，智能建造知识教学包括传统课程升级及智能建造系列理实一体化课程体系的教学融入。在传统授课模式的基础上，通过智能建造认知虚拟实训系统、数字孪生沙盘、智能建造文化展示区、工法楼等方法进行教学融入和升级。

在智能建造技能课程方面，技能教学及实践是基于知识和认知的实践，要将知识场景化，将知识技能化[63]。通过智能建造虚拟实践教学系统、智能施工技术、智慧施工管理教学产品，以及 BIM 建模、数字造价、智慧工地等软件培养实战能力。

在智能建造综合实验实训课程方面，要基于知识和技能，将其融入实际施工场景中。结合装配式、智能建造技术（物联网设备、AI、无人机、机器人等），让学生切实感受到智能建造应用。同时基于智能建造综合实训实践基地、BIM＋智慧工地（自动建模、智慧化测量、智慧化工艺与建造、工程物联网建造平台）等方式，提高学生在智能建造方面的综合实践能力。

智能建造专业实践课程安排可以借鉴"做中学"项目实践模式，在导师的带领和团队合作下，引导学生参与真实的智能设计、施工、运维项目，让学生在"做中学"，把所学的知识和概念与现实融合，以及将工程项目联系起来，通过分析、设计、制造训练和提升学生的实际能力，将人工智能、物联网、大数据、机器人等技术应用到传统的土木工程项目中，解决实际工程问题。

因此，智能建造课程场景主要理论依据围绕场景教学和情景教学的融合，把每门课程设计为一个最小的系统（模块），从而形成"人、课、场、法、管"的课程系统设计理念，进而推动教学方法的改革。具体来说，为了实现智能建造与工业化协同的人才培养目标，从行业变化、政策推动和教育变革背景出发，本研究打造了建筑土木类基础课程、工程管理类基础课程、信息技术类基础课程及智能应用类专业课程四大体系，建立了观摩展馆、学习空间、安全体验空间、智慧工地综合实训空间、装配式综合实训空间及新技术研究空间等六大实训空间，使一体化教学案例（案例流、业务流、教学流、数据流）与数字教学平台（备-教-练-考-评）相交互，从人的要素出发，展开教情及学情分析；结合数字化教学平台，进行数字孪生虚实联动的课程体系建设，围绕智能建造业务及教学场景打造优质的课程；围绕教学效果的最优化实现，建设匹配智能建造教学场景的智慧化空间，形成人课场科学的匹配；同时借助数字化的教学工具及平台优化教学方法，并对教学过程进行系统化的管理，从而立体化地反馈课堂教学效果及学生学习效果，最终快速落地智能建造课程体系能力转化目标，达到智能建造创新高质量人才培养的结果。

4.5.3　双师型师资队伍建设

教师资质和教学能力是保证教学效果、保证学生培养质量的关键所在，智能建造专业人才的培养需要更多具备交叉学科背景的教师，以适应智能建造专业本身学科交叉性的特点。教师专业团队建设可以通过教师培养和师资引进两种方式展开。教师团队能力的成长非常需要将高新技术企业资源（课程资源和教师资源）引入到传统土木工程专业课程教学中，从而给传统课程进行专业性和前沿性信息赋能。和企业合作，可以帮助老师切身感受一下市场对智能建造相关知识和技能的强大需求，也可以让老师参与到企业的合作项目中，从而提升教师本身的工程素质和工程实践能力，助力院校智能建造专业的教师能够在企业真实的生产场景下，开展面向企业、面向技术的科研活动[64]。

在鼓励教师提升自我科研能力上，建议从物质和精神层面建立双重激励制度，引导高校的教师将个人职业的发展方向、自我价值的实现与专业未来发展方向相契合，激励教师努力实现个人的职业发展目标，同时也达成智能建造专业的发展目标。

在智能建造专业师资队伍建设上，建立一支跨学科交叉融合的师资队伍，这不仅仅是把不同专业的教师组合在一起那么简单，而是需要充分考虑智能建造这个新专业对教师能力为要求，以技术能力为核心，以上层管理作为牵引，破除学科之间的专业壁垒，推动校企师资在校企人力资源层面的融合，推动专业教师在工科、理科、文科之间的专业知识融合队伍的深度融合[65]。借助学校建筑、信息、工学的学科优势，在学校大类培养的整体框架下，联合土木工程、管理科学与工程、建筑学、机械工程、计算机科学与工程、软件工程等专业，对智能建造专业进行学科资源共享和教学力量输出，形成"大类横向交叉、专业纵向成链"

的融合型教学队伍[66]。实行"走出去"和"引进来"的策略，一方面引导教师转型，鼓励老师参与企业实践，增强自我能力；另一方面引进具有计算机、数据科学背景的教师，丰富教师团队知识层面，增强团队综合实力。通过有意识地增强全链条校企协同育人实践基地的建设，引入企业师资和企业资源，帮助学校建设"双师型"教师团队，助力校内教师的研究领域向智能化、数字化、网络化方向转变，以增强团队的未来发展潜力。

4.5.4 权责清晰多层次教学平台建设

智能建造实践教学平台的建设是帮助院校及老师完成实践教学目标的基本保障。学生的课程学习不仅需要有理论教学，也需要有实践环节帮助学生验证理论、体验实操、创新科研项目。为此，需要建立能满足学生不同需求的多层次实践教学平台，包括基础性实践平台、综合性实践平台和应用性示范平台。

基础性实践平台指的是能辅助理论课教学的偏基础和验证的实验，比如工程材料、钢结构的基本原理、混凝土的基本原理、土力学等。这些基础性实验可以帮助学生巩固并掌握所学理论知识。若相关负责老师能够对这类的实践进行监督和维护，能够比较快捷地掌握学生的学习进度和学习效果，方便后续实践升级的引入。

综合性实践平台主要包括课程设计、毕业设计和大学生科技创新项目，例如：智能设计实验、智慧施工实验、建筑机器人实验、智慧施工组织实验、智慧工地实验、智能建造全过程课程设计。在这个平台上，学生可以初步运用所学的专业知识进行实践训练，充分发挥动手能力和创新能力。高校应激励教师参与这种实践活动，充分利用现有的实践平台开展产学研活动，输出科研成果，为老师未来的个人发展、职级评定和项目申请打下良好的基础。

应用性示范平台的主要内容和项目包括智能建造相关教学成果转化、提供第三方检测等技术服务、创新创业孵化等。高校可以在企业的帮助下共建实践基地与实践平台，以此作为项目申请的支撑，从而辅助获得支持项目发展的资金和资源，助力院校专业发展。高校应广泛与社会进行"交流合作"，整合无形的社会资源，发挥桥梁作用，打造资源链接的合作框架，与第三方的合作伙伴形成长效合作机制。

4.5.5 多维合作的全过程、高质量、高能效制度体系构建

智能建造专业属于新型专业，故而当前尚未完全建立起对该专业的教学质量评估，也没有提出清晰的各项衡量指标。为此，需要构建起高质量、高能效的制度体系，要充分考虑所有主体的利益，估计到所有师生员工切身利益，比如成果认定、成果奖励、人事激励、晋升机制等，并在制定和反馈中不断优化及完善。

制度的制定在起草环节必须广泛征求广大师生员工（利益主体）的意见，审议决策环节应该有师生代表列席并充分发表意见，对于学术性强的规章制度更应该还"政"于教师，充分发挥教师在学术决策中的主体作用。比如对于智能建造成果的认定需要广泛采纳所涉及专业教师的意见，避免因为不了解这一新兴专业而出现成果认定不合理、不公平的现象，进而影响师生做科研的积极性。

在制度制定完成后，需要借助代表团体，比如学生代表大会、教职工代表大会等进行交谈、协商，共同商定申诉和救济的机制；对制度的运行、执行以及师生满意度提出评价和反馈意见，并依据运行实际情况进行调整和优化。该治理制度能充分考虑到各个利益团体的诉

求和利益点，也能合理发挥教育活动中各个主体的作用，更好地促进智能建造专业新学科的建设和发展。

4.6 智能建造专业实验实训基地建设

4.6.1 智能建造专业校内实验实训基地建设定位

根据工作任务和职业能力的要求设置智能建造专业技能课程，围绕在建设工程全生命周期各阶段智能建造岗位的主要工作展开实验实训实践。通过引入 BIM 技术、虚拟现实技术、大数据技术等，针对建筑类知识结构复杂、建设周期长、施工过程风险高等特点，建立 1∶1 数字化虚拟工地场景，打造满足智能建造专业教学的虚拟仿真实验实训实践基地。该基地建设真实的智慧工地场景教学沙盘，通过 BIM 建模、数字孪生和虚拟现实等技术，内容涵盖项目规划、教学区、智慧工地管理教学区、建筑施工过程仿真实验实训教学区、专业教学资源库、专业师资培训等，支撑智能建造专业实验实训实践落地。

为了让学生更多地从实际应用中深刻理解智能建造，循序渐进地掌握所学的理论知识，为实现从知识向能力的转变，必须形成以"校内实验实训基地"为依托，增加智能建造实践教学环节，增强学生的就业竞争力。智能建造实验实训实践可分为四个阶段进行，即：认识实训、单项技能实训、综合模拟实训以及预就业顶岗实训。

4.6.2 创新构建"五位一体"的实训基地建设模式

根据职业能力与岗位需求，建设一个融教学、培训、技术服务和科研为一体的多功能实践教学基地，构建出校内开放式、培训型、服务型的实习实训基地。实训基地的主要任务有：承担智能建造专业技能教学，专业师资培训，智能建造师继续教育培训，社会人员技术升级，执业资格考试与技术能力等级认证，产学研结合等。

首先，以满足训练学生岗位能力需求为首位，以岗位定能力，以能力定实验实训实践项目，以实践项目定实训内容，以实训内容定实训室，突出专业性与必须性。在提供认知模拟实训室平台的基础上，建立"一馆、两基地、四空间"实验实训实践基地场景，围绕智能建造观摩展馆、智能建造实验实训基地、智能生产装配式实训基地、智能建造认知空间、智能建造技能学习空间、智能建造安全体验空间、智能建造新技术研究空间进行打造，通过实验实训实践基地，将大大提高了学生的动手能力、创新能力、岗位适应能力。

其次，以满足学生专业能力拓展为要求，结合服务社会的需求，构建培训及能力鉴定实训基地。

再次，以校企合作为基础，以提升实践综合能力为目的，教师学生共参与，构建专业企业联合产业学院或企业工作站联合共建实验实训实践基地，同时该基地在建设校企合作的前提下，必须建立在双方的互赢基础之上，可以把企业请进学校，设立工作站或引入分公司企业文化，有利于学生职业素养的提升，从而大大扩展学生的就业方向，学校为企业提供地点、人力及相关社会资源，企业为教师、学生提供真枪实弹的练兵场所。

最后，以专业实验实训实践基地建设带动专业建设与研究，相互促进，共同发展实验实训实践基地的建立，加快专业课程改革，如开展强化技能课程模式、模拟仿真教学模式、订单式教学方法、任务式分组讨论考核方法等课程模式和教学模式的改革，为教师探索适应新型岗位培养目标的教学模式提供舞台。配套的实训教材的编制与使用、操作手册的流程应用、实验实训实践成果的形成都将反馈专业建设的效果，实验实训基地的建设为专业的发展提供强劲动力。坚持将专业建设与实习实训基地建设同步是智能建造专业发展职业教育规模，提高职业教育质量需始终坚持的原则。

4.6.3　智能建造实验实训实践基地建设

（1）智能建造实验实训实践基地建设背景

目前建筑行业工人老龄化、事故多、能耗高等问题频发，生产效率低，社会总成本高成为制约建筑产业发展的瓶颈。国家出台多项政策引导建筑业数字化转型升级，众多建设单位、设计院、施工单位、科技公司等也纷纷投入智能建造研究、应用的浪潮中。当前智能建造的人才缺口很大，传统土木专业培养的人才与智能建造需求匹配度不高，就业形势严峻，急需高校智能建造毕业生为行业输血。

对高校来说肩负打造智能建造专业，培养智能建造专业人才，帮助国家和企业解决人才缺口大、行业转型缓慢等问题的责任，同时提升毕业生的就业竞争力，培养一批既懂传统工程建造技术和项目管理基本知识，又懂 BIM 技术、智慧工地、建筑物联网、建筑机器人等建筑数字化新技术技能的高度融合型、复合型专业技术人才至关重要。

从目前智能建造应用情况分析来看，智能建造应用与发展集中在技术和管理两个方向，体现在设计、生产、施工、运维、设备等多个维度，围绕智能建造应用场景构建智能建造智能设计、智能生产、智能施工、智能运维及智能设备应用教学实验实训实践新场景，支撑着院校智能建造创新人才培养落地。智能建造教学实训实践新场景见图 4.5。

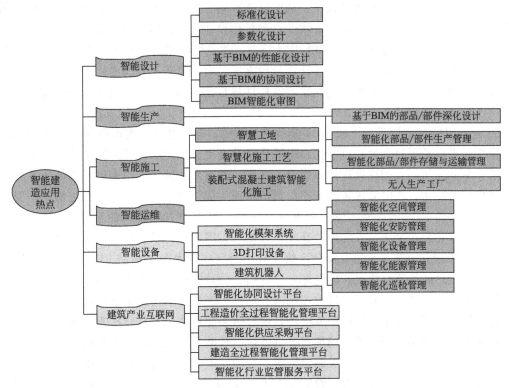

图 4.5　智能建造教学实训实践新场景

　　智能设计是基于 BIM 技术进行全专业集成设计，一体化出图，正向设计施工推演，在设计期间全过程模拟分析，优化方案。目前，依据设计特征，智能设计的应用热点主要可以分为标准化设计、参数化设计、基于 BIM 的性能化设计、基于 BIM 的协同设计以及 BIM 智能化审图等 5 个方面，见图 4.6。

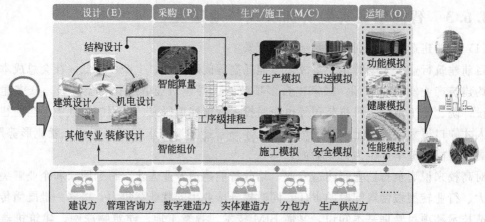

图 4.6　智能设计场景

　　①标准化设计。包含设计元素标准化、设计流程标准化、设计产品标准化。目前，相当一部分的建筑类型已经实现或者正在实现标准化设计。以住宅设计为例，标准化户型、标准化空间、标准化装修等的设计与管理流程的标准化已经得到大量应用。

　　②参数化设计。指用若干参数来描述几何形体、空间、表皮和结构，通过参数控制来获得满足要求的设计结果。在建筑领域，从国家体育场、上海中心大厦、北京大兴国际机场等重大项目，到一个异形小艺术馆、售楼处，参数化设计应用范围非常广泛。

　　③基于 BIM 的性能化设计。利用 BIM 模型，建立性能化设计所需要的分析模型，并采用有限元、有限体积、热平衡方程等计算分析方法，对建筑若干方面的性能进行仿真，以评价设计项目的综合性能。主要应用在建筑室外环境性能化设计、建筑室内环境性能化设计、结构性能化设计等设计环节中。

　　④基于 BIM 的协同设计。以 BIM 模型及承载的数据为基础，实现依托于一个信息模型及数据交互平台的项目全过程可视化、标准化以及高度协同化的设计组织形式。典型应用场景包括：专业间协同，即在设计的各个专业之间，通过专业间智能提资进行协同的方式，如建筑结构模型转化、机电管线智能开孔与预留预埋等促进专业间协同；跨角色协同，即在工程项目内，借助 BIM 的数模一体化和可视化优势，各参与方以统一的设计数据源为基础，以可视化的方式开展全参与方的设计交底，各参与方围绕设计模型开展成果研讨。

　　⑤BIM 智能化审图。通过智能化系统，自动判别或辅助人工判别 BIM 模型中的设计信息与国家标准之间的符合情况，以及部分刚性指标的计算机智能审查，通过快速机审与人工审查协同配合，提高审图效率。目前在湖南、广州、南京等地已有实际应用。

　　智能生产是基于数字孪生的智能生产，通过数字生产线，基于数据驱动实现自动化排程和精益化生产，将工厂与工地现场形成有机整体。智能生产是智能建造的核心，其主要任务是通过应用智能化系统，实现相关制造资源的合理统筹，并通过数据技术驱动智能设备，实现建筑部品/部件的工业化制造。智能生产包含以下 4 个方面，各方面均已有不少案例。图 4.7 为智能生产场景。

图 4.7　智能生产场景

①基于 BIM 的部品/部件深化设计。指进入生产阶段时基于施工图、应用 BIM 技术所进行的详细设计。部品/部件深化设计的主要内容包括：确定安装专业的部品/部件分段分节方案、起重设备方案、安装临时措施、吊装方案等；另外满足土建专业的钢筋开孔、连接器和连接板、混凝土浇筑孔、流淌孔等技术要求，机电设备专业的预留孔洞技术要求，以及幕墙和擦窗机专业的连接技术要求等。

②智能化部品/部件生产管理。通过智能化系统，将企业的设计、生产、管理和控制的实时信息引入企业的生产和计划中，实现信息流的无缝集成，优化产品数据管理、生产计划与执行控制，提高管理水平。

③智能化部品/部件存储与运输管理。主要是在部品/部件从成品库存到施工现场之间，对车辆派送、路线、跟踪、监控等全过程进行专业的、数字化的管理，实现物流全过程的自动化、网络化和优化。例如，可以通过管理平台规划部品/部件的发运顺序，结合建设项目部品/部件的安装计划时间、待发货状态的库存部品/部件、运输车辆的运输空间和载重、项目地址、工厂地址、运输费率等信息，通过算法计算最合理的运输计划、运输线路、运输费用。

④无人生产工厂。指全部生产活动由计算机进行控制，生产一线配有机器人而无需配备工人的工厂。这种工厂的生产命令和原料从工厂一端输入，经过产品设计、工艺设计、生产加工和检验包装，最后从工厂另一端输出产品。所有工作都由计算机控制的机器人、数控机床、无人运输小车和自动化仓库来实现，人不直接参加工作。

智能施工及运维指运用物联网、BIM、大数据、AI 等核心技术，集成项目软、硬件系统，通过数据汇总、分析、智能识别风险并预警，为项目管理层建设一个数据实时汇总、生产过程全面掌握、项目风险有效降低的"项目大脑"，如图 4.8 所示。

智能施工主要是通过应用智能化系统，实现施工模式的转型升级。智能施工主要包括智慧工地、智能化施工工艺、装配式混凝土建筑智能化施工等 3 个方面。

①智慧工地。以一种"更智慧"的方法来改进工程项目各干系组织和岗位人员的交互方式，以便提高交互的明确性、效率、灵活性和响应速度。智慧工地应用包括对工地的人（人员）、机（施工机具）、料（物料）、法（施工方法）、环（环境）的智能化管理。目前在全国已有多个地方的建设主管部门要求在重点工程项目中实施智慧工地应用。

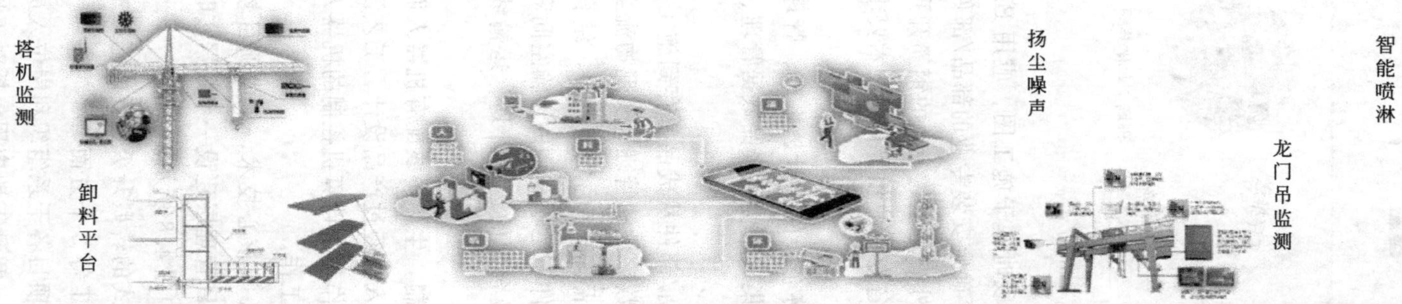

图 4.8 智能施工及运维场景

安全施工类
1. 视频监控
2. 智能AR全景
3. 蜂鸟盒子
4. 塔机监测
5. 钢丝绳损伤监测
6. 吊构盲区可视化
7. 塔机激光引导系统
8. 施工升降电梯监测
9. 卸料平台监控
10. 高支模监测
11. 基坑监测
12. 外墙脚手架安全监测
13. 钢结构安全监测
14. 智能临边防护网监测
15. 便携式临边防护
16. 周界防护
17. 施工临电智能监测
18. 智能烟感
19. 库房监测
20. 螺栓松动监测
21. 吊篮监测
22. 龙门吊安全监控管理系统
23. 架桥机安全监测管理系统
24. 履带吊安全智能管理系统
25. 盾构机远程监测系统
26. 高边坡临时防护系统
27. 隧道有害气体监测
28. 隧道安全步距监测
29. 隧道应急对讲系统
30. 检测到位系统
31. 消防水压监测
32. 汽车吊监测
33. 电动葫芦智能监测
34. 升降机人数识别控制器

质量监测类
35. 大体积混凝土测温
36. 标养室监测
37. 公路智能摊铺监测
38. 智能数字压实监测
39. 桩基数字化监测
40. 强夯数字化监测
41. 隧道围岩数字量测
42. 智能压浆监测
43. 智能张拉监控
44. 试发球远程监控
45. 拌合站远程监控系统

绿色施工类
46. 环境监测
47. 自动喷淋控制系统
48. 智能水表
49. 智能电表
50. 车辆进出场管理
51. 车辆末清洗监测
52. 污水监测
53. 车辆油耗监测
54. 砂浆罐智能监控

指挥调度与管理类
55. 视频会议
56. 监控大屏
57. 5G+AR眼镜巡检交互系统
58. 智能广播
59. WIFI教育
60. 分布式无人机平台
61. 工程车辆智慧管理
62. 施工巡更系统
63. 巡检锁管系统
64. 岗前健康检查一体机
65. 单兵身体机能监测
66. 智慧屏

建筑工业化类
67. 四足机器人
68. 三维激光扫描机器人
69. BIM放样机器人
70. 倾斜摄影服务
71. 点云采集服务
72. 远程遥控及自动驾驶挖掘机
73. 码�工作站
74. 氩弧焊接工作站
75. 喷涂工作站
76. 自适应螺丝锁附工作站
77. 自动化混凝土地面施工租赁服务

智慧展厅类
78. 全息投影
79. 全息沙盘
80. AR智慧桌面
81. VR头盔
82. 迎宾机器人
83. 虚拟质量样板
84. 滑轨屏
85. 四联屏
86. 异形屏
87. 720全景
88. VR一体机
89. VR大屏
……

智能喷淋　龙门吊监测　扬尘噪声　卸料平台　塔机监测

②智慧化施工工艺。在满足工程质量的前提下，实现低资源消耗、低成本及短工期，最终获得高收益等目标，主要包括：基于 BIM 的钢筋翻样和智能化加工，整体预制装配式机房智能化施工，集成厨卫智能化施工等。

③装配式混凝土建筑智能化施工。装配式混凝土建筑是指以工厂化生产的混凝土预制构件为主，通过现场装配的方式建造的混凝土结构类房屋建筑。通过装配式建筑智能化施工，可以实现节能、环保、节材的目标，建筑品质好，施工工期短，且后期方便维护。

智能运维是通过应用智能化系统，进行建筑实体的综合管理，以便为客户提供规范化、个性化服务。智能运维目前主要包含智能化空间管理、智能化安防管理、智能化设备管理、智能化能源管理、智能化巡检管理等 5 个方面。

①智能化空间管理。针对不同的建筑空间，结合具体的需求场景进行立体化、虚拟化、智能化管理与应用，打造与整体建筑可感、可视、可管、可控的立体交互情景，形成一套完整的新型空间管理方式。其面向的用户可能为大众，也可能为商户、物业管理方、空间权属方等。例如，针对商超、医院、园区等，已实现室内定位与导航、智慧停车、反向寻车、功能空间电子指引、虚拟全景空间展示等应用场景；针对家居空间，已实现智能家居、虚拟装饰等应用场景；针对商户、物业管理方、空间权属方，已实现智能化楼宇运营、楼宇设备维护、楼宇资产管理、设备远程巡检等应用场景；针对物流仓储业、智能制造业，已实现智能仓储、智能流水线、智能物流调度等应用场景。

②智能化安防管理。安防管理针对防盗、防劫、防入侵、防破坏等方面开展管理工作，保护人们的人身财产安全，为人们创造安全、舒适的居住环境。智能化安防管理通过应用智能化系统，对传统的安防工作进行提升，当出现异常或者危险状况时，能够自动识别，通知管理人员，必要时进行报警；可严格控制人员出入；高效开展对巡检人员的管理工作，确保巡检人员能够按时、按路线完成巡检工作。

③智能化设备管理。设备管理对设备的物质运动和价值运动进行全过程的科学管理，提高设备综合效率。智能化设备管理对传统的设备管理作了两方面的提升，即：设备的智能化，使设备具备感知功能、自行判断功能，以及行之有效的执行功能；管理智能化，通过智能化系统的使用，提高设备管理效率。

④智能化能源管理。通过应用智能化系统，支持对楼宇内的所有能源，包括热水、冷水、电、燃气等的消耗情况的高效查看、分析，为对楼宇内能源消耗情况的高效掌握，并在不影响正常经营活动的前提下，为通过节能设计进行节能改造，降低楼宇内的能耗，为设备高效率、低能耗运行提供有效支持。

⑤智能化巡检管理。通过应用智能化系统，支持定期或随机流动性的检查巡视，包括检查建筑、设施设备、人员及环境情况，及时发现异常及问题，及时汇报并处理，实现对巡检数据的采集及分析，以及巡检全过程的可视化、规范化和网络化。

智能设备指在建筑全流程上，对应标准建造过程，利用新技术、新模式、新方法带来的安全施工、降本提效，达到业主要求。智能装备是用于建造过程的智能化硬件系统。与建筑工程相关的智能装备主要包含智能化模架系统、3D 打印设备、建筑机器人等 3 个方面，见图 4.9。

①智能化模架系统。我国早在 20 世纪 70 年代初，就自行研制了倒链式爬升模板，20 世纪 80 年代又研制成功液压千斤顶式爬升模板。20 世纪 80 年代末 90 年代初，我国首次提出整体钢平台模架装备理念，并自行研制了内筒外架整体爬升钢平台模架，成功应用于上海东方明珠电视塔等工程。20 世纪 90 年代末至 21 世纪初，整体钢平台智能模架装备不断得到发展和完善，先后研究开发了临时钢柱支撑式整体钢平台模架、劲性钢柱支撑式整体钢平

图 4.9 智能设备应用场景

台模架两种模架装备。目前,智能模架装备已广泛应用于超高层建筑、电视塔、桥墩、水塔、大坝、筒仓、烟囱等领域。

②3D 打印设备。该技术提出于 2004 年。3D 打印设备可实现设计与成型一体化,例如,可以按照设计要求,打印不规则墙体结构。与传统建筑物建造方式相比,可降低材料、设备及人工等成本,显著提升建造效率,缩短工期,做到节能减排。

③建筑机器人。1982 年日本清水公司开发的一台耐火材料喷涂机器人,被认为是首台建筑施工机器人。1994 年和 1996 年,德国分别设计制造了墙体砌筑机器人和混凝土施工机器人。2014 年,新加坡开发了地瓷砖铺设机器人。建筑机器人适用于深入到建筑行业各种恶劣的环境中,如安装外墙干挂石材及铺设钢筋混凝土预制板等高危险、重体力的施工。我国建筑机器人研究起步较晚,但在政府、高校、科研院所、企业的共同努力下,发展迅速。特别是,近几年有大型房地产公司投入巨资研究开发系列建筑机器人,并取得了很大进展。

建筑产业互联网是以机器、原材料、控制系统、信息系统、产品以及人之间的网络互联为基础,通过对建筑产业大数据的全面深度感知、实时传输交换、快速计算处理和高级建模分析,实现供应采购、协同设计、智能生产、智能施工、智能运维等生产和组织方式变革,对接融合工业互联网,形成全产业链融合一体的智能建造产业和应用生态。按照智能建造主要过程和现阶段平台实际发展应用对象划分,主要包括企业层的智能化协同设计平台、工程造价全过程智能化管理平台、智能化供应采购平台、建造全过程智能化管理平台、智能化行业监管服务平台等 5 种类型。

①智能化协同设计平台。以"智能化+大数据+模型"为基础,面向建筑工程全生命周期信息化技术应用,立足于设计阶段的协同工作平台。平台由智能化设计软件、行业大数据信息库、云计算引擎组合而成。平台为基于 BIM 信息模型智能综合协同设计提供支撑。

②工程造价全过程智能化管理平台。支持依托于 BIM 技术开展全过程造价业务,支持

咨询方为建设方提供精细化、智能化、数字化的咨询服务，提高建设方满意度，降本增效，打造新咨询服务能力。

③智能化供应采购平台。以大数据、区块链、物联网、人工智能等技术为依托，通过支持供应采购资源的网络互联、数据互通和系统互操作，实现采购供应资源的灵活和优化配置、采购供应过程的快速反应，达到资源的高效利用目的。

④建造全过程智能化管理平台。实现施工全过程、全要素数字化管理，利用区块链"在不充分信任的实体之间建立互信共识机制"的核心价值，将建造全过程的关键数据链，打通信息孤岛，提高参建各方的协同性和精准性，消除信息不对称，保障各方的利益并规范各方的行为，从而提升工程质量，实现工程建造的提质增效。

⑤智能化行业监管服务平台。在行业监管信息化、数字化管理的基础上，融合大数据、人工智能、物联网、区块链等主流技术，打通建设、勘察、设计、施工、监理、招标代理、造价咨询等全行业相关管理信息系统，以数据驱动赋能推动数字政府转型，实现建设行业互联网＋监管新模式。

（2）智能建造实验实训实践基地建设必要性分析

在此基础上，也对高校智能建造实验实训实践基地建设必要性进行深度分析。智能建造实验实训实践基地的建设，首先需要满足高校专业及专业群发展需求。当前绝大多数建筑类高校的专业课程体系主要集中在设计、施工技术、工程管理维度，人才培养方式难以满足当前行业用人需求，专业招生人数及毕业生就业率正面临严重挑战和潜在危机，新生转专业的比例正在逐年呈上升趋势。

为了维护院校招生就业稳定，提升毕业生就业率和薪资待遇，需要加强专业及专业群发展建设，聚焦智能建造全流程的教学，重点包括：开设智能设计、智能生产（装配式）、智能建造技术、智慧管理、数字造价应用、物联网、机器人、智能测绘等专业课，增强多专业交融；加速智慧工地管理、建筑机器人、无人机测绘、建筑物联网、智慧工地施工等教学建设，同时需建设智能建造实训，以帮助学生将知识向技能转化。

其次，符合高校智能建造专业实训教学需求。在加速院校专业及专业群发展的同时，更需要加强知识向技能的转化，在优化提升学生知识体系的同时提升学生的专业技能。为满足院校建筑工程技术专业群的实训教学要求，满足对施工阶段新技术、新设备、新方法在工程项目中的应用流程和业务流程的学习，需完成数字化协同设计、全过程造价管理、智能建造技术与设备、工程项目智慧管理、工程项目智慧施工、建筑物联网、GIS＋无人机测绘、建筑机器人应用方向的课程建设，以此解决目前专业群在智能建造方向实训教学课程缺失的处境，改善实训教学环境，进一步提高专业群建设质量。

（3）智能建造实验实训实践基地建设目标

智能建造实验实训实践基地的建设目标是，从人才培养方案入手，将智能建造融入院校的教学工作，并根据行业需求、政策指引和教学要求将技能教学模块与课程结合，最后通过实践基地建设将教学实践、科学研究、人才培养、社会服务融合于一体，实现多专业融合、多学科交叉的协作平台，面向社会服务的产学研合作窗口，促进建设类人才培养向信息化、智能化方向发展，成为建设行业转型升级时期紧缺型现代化人才输送站。

（4）智能建造实验实训实践基地建设内容

为落地智能建造实验实训实践基地建设方案的建设思路、建设内容、建设成效，帮助广大开设智能建造专业院校建设智能建造实验实训实践基地。首先，对智能建造实验实训实践基地的建设思路进行了梳理，整体落地的逻辑为理念入校、技能入课、体系入专业（群）的逻辑逐步迭代，不断提升，见图4.10。

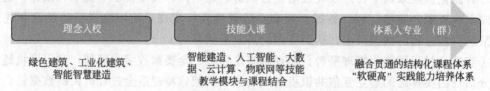

理念入校	技能入课	体系入专业（群）
绿色建筑、工业化建筑、智能智慧建造	智能建造、人工智能、大数据、云计算、物联网等技能教学模块与课程结合	融合贯通的结构化课程体系"软硬高"实践能力培养体系

图 4.10　智能建造实验实训实践基地建设思路

围绕理念入校，将智能设计、智能生产、智能施工、人工智能、大数据、云计算、物联网等教学模块，落实在高校相关专业的人才培养方案里，成为指导教学方向、人才培养方向的纲领，建设效果图见图4.11。

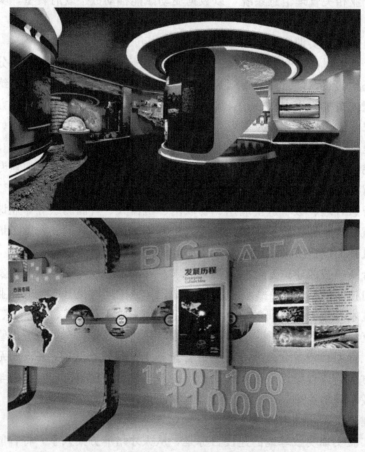

图 4.11　智能建造实训实践基地建设效果图

围绕技能入课，院校需要建设智能贯通的结构化课程体系。在认知知识建设层面，一方面需注重现有课程升级，增加配套实训课程，同时增加 BIM 正向设计、装配式、全过程造价、智慧管理、智慧施工、物联网、机器人等课程；另一方面结合虚拟仿真系统改善教学方式，将行业实际应用的数字化、智能化管理模式和现场流程融入专业教学。同时引入业内使用的成熟软件，让学生一边学习理论知识，一边认知现场实际施工环境，学习使用业内成熟的软件，全方位构建学生的认知和能力。智能建造智慧教室的效果图及设计图如图4.12所示。

(a) 效果图

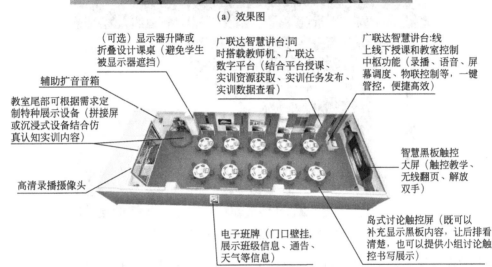

(b) 设计图

图 4.12　智能建造智慧教室效果图及设计图

　　围绕体系入专业，院校需要通过软硬件及高新技术的综合应用来加强对学生的实践能力培养。在实践实训建设方面，主要服务于建筑工程技术、建设工程项目管理、智能建造技术等专业，使学生通过对业务知识、规范、内容深度学习，对现代化工地建造过程各个阶段的关键技术和流程进行认知学习和技能实践，全方位了解智慧工地应用场景，同时满足培训及参观的需求。智能建造实训基地建设效果图见图 4.13。

　　其次，整个智能建造实验实训实践的综合技能落地，围绕一体化数字教学案例蓝图绘到底的模式展开。通过一个真实的项目案例（楚雄职教办公楼），建立整体框架思维，从项目立项—设计—施工—交付—运维，从项目全生命周期中进行数据流、业务流的演示，通过各阶段实体及虚拟数字孪生模型的任务要求，完成各阶段需要产生的成果，再与相应的专业课程进行对应，形成完整的案例流，达到完整的一体化教学的目的，形成完整的教学体系，帮助院校专业教学实验实训实践的体系化落地。

　　再次，结合智能建造专业人才培养目标，深度剖析人才培养目标内容要求，如智能建造专业，目的是培养学生德智体美劳全面发展，掌握扎实的科学文化基础和建筑结构、建筑构造、建筑力学、建筑信息模型、智能测量、自动控制、工程岩土等知识，具备建筑构件深化设计、智能化测量放线、建筑物联网应用与管理、建筑机器人应用与管理、智能化检测与评定、解决大型复杂智能化施工技术问题和建筑工程项目施工策划与组织管理等能力，能够对建筑产业全链条活动进行智能化、信息化的集成规划、设计和管理。使学生具有工匠精神和信息素养，能够从事 BIM 正向设计、大型复杂建筑构件深化设计、全过程造价管理、建筑智能化施工、智能化施工项目管理和管理咨询工作的高层次技术技能人才。

图 4.13 智能建造实训基地建设效果图

通过智能建造专业人才培养目标，及岗位能力分析，构建智能建造专业综合实验实训实践课程体系，详细建议如表 4.3 所示（学时学分建议参考）：

如图 4.14 所示，智能建造课程体系结合智能建造专业人才培养定位及岗位能力分析，构建智能建造专业教学实验实训实践的认知-知识-技能与综合创新实验实训核心内容。

基于认知：对智能设计、智能生产、智慧施工等形成基础的认知，可匹配概论类课程或专业基础课的概论部分，匹配虚拟仿真系统、认知观摩区、智能建造数字孪生仿真沙盘、智能生产装配式工法楼等。

基于知识：智能建造的知识主要集中于 BIM 正向设计、全过程造价管理、智慧施工（包括物联网、机器人、无人机等）、智慧管理等系统知识教学。

基于技能实训：智能建造技能主要对应专业软件的操作，将系统的知识转化为软件应用，同时配合虚拟仿真系统，结合实际场景进行训练。

基于综合创新实验实训：使用智慧工地实训基地、工法楼等实体场所、设备、结构等，将技能升华为能力素养。

最后，落地智能建造实验实训实践基地建设。智能建造实验实训实践基地分为一个展馆、两个基地、四个空间，分别从观摩展示、基础认知、技能学习、安全体验、实训实践、技术研究等多个维度，针对院校不同年级、不同层次学生开展不同的教学实训内容，进行因材施教。整个实训基地根据不同的功能定位进行场地规划和建设，基本满足院校学生认知教学、实践实训和师资培训的需要，如图 4.15 所示。

表4.3　智能建造专业综合实验实训实践课程体系

专业：智能建造

课程类别	课程性质	课程模块	课程名称	学分	教学学时数			按学年及学期进行分配的学分							
					总学时	课内学时	实践学时	第一学年		第二学年		第三学年		第四学年	
								1	2	3	4	5	6	7	8
必修课	专业基础课	智能建造	建筑信息模型建模技术与应用（建筑、结构、机电、深化设计）	2	32	16	16		2						
			智能建造概论	2	32	32	0	2							
			■房屋建筑学（正向设计）	3	48	32	16			3					
			■▲智慧测量	2	64	24	40			2					
			小计	9	176	104	72	2	2	5	0	0	0		
	专业必修课	装配式	■▲装配式设计与施工	4	64	32	32				4				
		土木	■钢结构设计原理	4	64	48	16				4				
		土木	■施工组织设计	2	48	24	24				2				
		土木	■▲智能建造施工技术与设备	2	48	32	16			2					
		工管	■▲建筑工程计量与计价	2	48	24	24					2			
		工管	■工程造价管理	2	48	24	24					2			
		工管	■工程招投标与合同管理	2	48	24	24					2			
		工管	■工程项目智慧管理	3	64	32	32						3		
		通用	▲建造机器人应用	2	32	16	16					2			
		通用	▲建筑工程物联网	2	32	8	24						2		
		工管、土木	BIM＋智慧工地综合实训	2	16	0	16						2		
			小计	27	512	264	248	0	2	2	10	8	7		
			小计	36	688	368	320	2	2	7	10	8	7		

第四学年（第7学期）：综合项目实训＋执业资格考试＋技能大赛
第四学年（第7、8学期）：顶岗实习（含毕业设计）

注：■表示考试课程；▲表示理实一体课程。

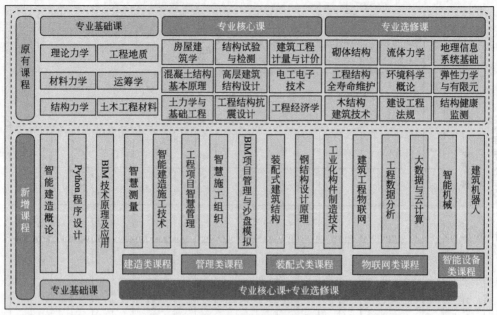

图 4.14　智能建造课程体系

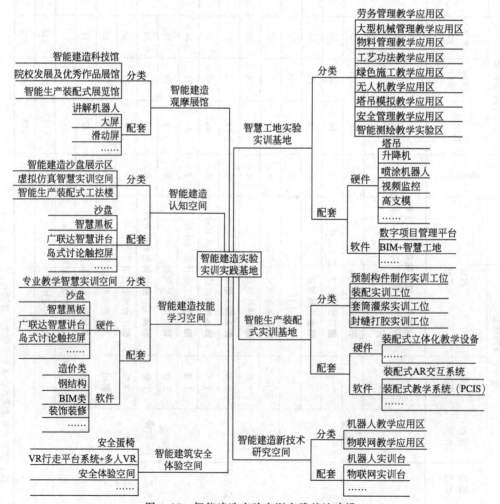

图 4.15　智能建造实验实训实践基地建设

（5）智能建造实验实训实践基地建设成效

通过新增智能建造课程，引入智能建造虚拟仿真系统，建设智能建造实训基地（包括 IoT 设备、机器人、物联网实训台、无人机等）能帮助院校培养满足行业需求的智能建造人才，改善教学环境，使教学研究内容紧跟时代，同时院校研发的课程、教学实训场所可以面向社会提供智能建造教学教育，在为社会培养人才的同时创造收益。

从智能建造人才培养维度，智能建造实训基地建设能够改善院校教学环境，增强实训基地的功能，提高教学质量和学院办学水平。通过虚拟仿真系统教学，让学生初步了解行业应用，认知智能建造应用体系，学习智能建造有关理论知识，满足宽通道、多学科交叉融合的知识学习。

在智能建造实训基地动手操作物联网设备、模拟实际应用场景可以提高学生对智能建造设备的应用能力，培养学生信息化工具的实践能力，培养学生的智慧施工与智慧管理等多元化能力，通过企业一体化案例，贯穿建设项目各阶段的智能化应用实践，满足知识实践类教学与技能实践类教学的双重培养，逐步打造智能建造人才输出高地，提高学生就业率和薪资水平，提升学校招生率。

从智能建造专业教学研究维度，通过智能建造虚拟仿真系统，建成智能建造在线开放课程，通过多种资源的积累，可申报国家精品在线开放课程；可同步出版数字教材、申报国家级规划教材；线上教学创新实践同时能够推动教育教学成果的总结、提炼，申报各类教学研究项目；也可助力教师参加各类教学能力大赛。

利用物联网设备、机器人、无人机、大数据等工具，引导学生探索建筑行业痛点，利用智能建造手段形成整体解决方案，助力学生参加各类大赛，带领学生聚焦算法开发与优化、硬件设备升级等方面深入研究，帮助学校完成科研课题。

智能建造专业在社会服务维度，依托智能建造虚拟仿真教学资源，发挥在线开放课程的作用，解决学员远程培训问题及情景化学习，通过课程能够实现企业智能建造技术培训及智慧工地应用体系相关培训，年累计完成培训可达 1000 人次，增加社会培训收入，或者利用本课程提高为企业进行技术服务的效率，培训企业人员，快速高效完成项目，提高技术服务收入。

4.6.4 智能建造实验实训实践基地建设案例

（1）北京建筑大学智能建造实训基地

北京建筑大学是一所具有鲜明建筑特色、以工为主的大学，其智能建造专业依托于土木工程专业，是从土木工程专业里面开辟出的新工科专业。智能建造专业以土木与交通工程学院为开设单位，联合电气与信息工程学院、经济与管理工程学院、测绘与城市空间信息学院、机电与车辆工程学院等骨干力量，进行跨学院、跨学科交叉人才培养。

2019 年，学院与广联达合作，打造基于 BIM、物联网、大数据、人工智能等高新技术高水平智能建造实验室，充分体现智能建造专业的高科技人才培养定位及北京建筑大学的专业建设特色。

智能建造实验室（图 4.16）主要功能包括从设计到施工再到运维的建筑工程全生命周期的 BIM 应用技能实训、以虚拟仿真为技术依托的形象生动的专业基础知识教学与建造过程模拟、装配式建筑教学、智慧工地项目管理教学等。

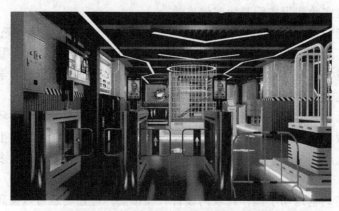

图 4.16 北京建筑大学智能建造实验室

BIM＋智慧工地平台探索人工智能在建筑施工领域的应用，聚焦施工企业现场管理，紧紧围绕人、机、料、法、环等关键要素，综合运用 BIM 等软硬件信息技术，与施工生产过程相融合，为智能建造专业学生呈现工地的数字化、精细化、智慧化生产和管理。

"学校智能建造专业从 2019 年开始招生，专业培养效果和学生就业发展情况还需要经过一段时间的检验。我们当前所要做的工作就是踏踏实实地把人才培养好，尽我们最大的努力让这些学生有强烈的专业获得感，让他们有更强的行业适应能力。……高校本身的使命就是为国家、为行业培养技术人才，国家建设技术革新的速度发展到需要重新定义传统的土木工程专业时，可能最终土木工程专业和智能建造专业会殊途同归。国家规划到 2035 年全面实现建筑业工业化的目标，那么我觉得智能建造专业至少在二三十年的衔接期里，价值是能够充分体现的。"北京建筑大学侯老师对未来智能建造专业的发展充满了期待。

（2）南宁理工学院让智慧工地走进课堂，探索数字育人新模式

南宁理工学院土木与工程学院（以下简称"学院"），前身为桂林理工大学博文管理学院建筑工程系，依托桂林理工大学雄厚的教学科研力量，面向工程勘察、设计、施工、管理等领域培养具有较强实践能力和扎实专业素养的高级应用技术型人才。

学院工程类专业致力于培养适应行业生产、建设、运行、管理等方面一线需要的人，实践教学占比较大，因此学院对于实践教学改革方面也在不断探索，如何办出专业特色的问题摆在了学院领导面前。此外，随着建筑业发展的日益加快，工程项目建设已朝着大型化、复杂化、多样化的方向发展，建筑产品趋于复杂，结构功能需求多样，新型设备不断涌现，智能化水平要求越来越高，对数字人才的需求程度也越来越高。

基于此，从 2016 年开始，学院不断论证构思，思索如何在实践教学方面有所创新，改变过分依赖理论教学的现状，走出属于自己的一条道路。2018～2020 年，学院与广联达合作建设完成"数字建造工程中心"项目，通过将 BIM 技术、VR 技术、AR 技术等一系列内容融入工法楼，将"智慧工地"搬进学校、搬入课堂，学生不出校门即可直观体验到数字化工程建造工艺与流程，如图 4.17 所示。

"数字建造工程中心"由数字建筑展区、智慧工法楼两个区域组成，并以数字建筑为引领，贯穿建筑全生命周期各阶段、各领域的数字建造应用场景，满足教学展示、实习实训、培训认证、社会服务等功能。数字建筑展区由建筑历史长廊、数字建筑展区、BIM 技术应用展区、智慧管理展区等部分组成，基于建筑工程全生命周期呈现信息化技术应用。引入建筑行业 BIM、大数据、云计算、AR、VR、移动互联网、3D 打印等技术，直观地展示学校

图 4.17　学生在数字建造工程中心学习

在 BIM 方面的研究应用成果，探索发现 BIM、IoT 物联网等技术与其他信息化技术以及智能设备的价值，如图 4.18 所示。

图 4.18　数字建造工程中心

智慧工法楼将智慧工地物联网真实硬件设备、真实智慧工地数据决策分析平台和实践教学的工法楼相结合，旨在还原真实智慧工地场景及业务流程，将工程项目上物联网、人工智能、大数据、BIM 等技术的应用流程和价值呈现在校园，不出校门即能进行智慧工地及相关新技术的学习和实践。

（3）福建水利电力职业技术学院深化课程体系建设，推动"虚实一体"育人模式

福建水利电力职业技术学院是福建省唯一一所以水利、电力为主要专业特色，学院的建筑工程虚实一体实训基地建设主要包含以下几个模块：一是实体模型教学楼，里面包含有 8 种建筑结构形式，400 多个节点，节点里面还涵盖了数字化的教学资源；二是沙盘模拟仿真解决方案；三是虚实仿真 VR 解决方案；四是虚实结合课程体系解决方案。其把 BIM 也融入实训基地里面，在教学过程中，通过 BIM 技术让学生建立实体楼的整体模型，学生有了从感性到理性的认识转换过程，对于提高学生学习的积极性有非常好的帮助，见图 4.19。

（4）杭州科技职业技术学院深化资源整合与产教融合，推动人才结构升级与行业转型螺旋上升

杭州科技职业技术学院是杭州市人民政府主办的一所普通高等职业院校，在高水平专业化产教融合实训基地建设方面，学院与广联达合作共建"智慧建造"实训基地，基地建有智慧建造实训中心、智慧工地综合实训中心、数字城市中心、虚拟仿真实训中心、数字测绘中心、创新协同中心等，在国内率先建成了智慧建造产教融合实践基地。在日常教学上，学院也在不断优化实践课程建设方案，力求将实践基地与课程教学完美衔接，所有实训项目均立足于人才培养与企业行业需求，见图 4.20。

图 4.19　建筑工程虚实一体实训基地

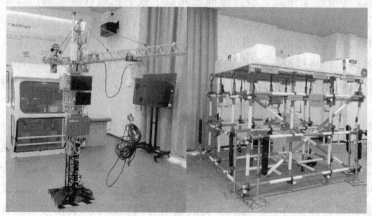

图 4.20　"智慧建造"实训基地

第5章

智能建造专业人才培养体系的实践应用

结合上文对新时代职业教育现状及智能建造专业人才现状的深度剖析，可以发现：新时期职业教育校企合作是以产业学院为中心，通过学校和企业的资源共享共投共建实现资源在人力层面的流动，从而带动教学环境的改善、教学设备的升级、教师教学能力的提升，进而带动专业人才培养的改革。浙江广厦建设职业技术大学（以下简称"浙广职大"）作为第一批从高职升入职业本科的试点院校，在智能建造这类新专业的建设拓展及运营中，其实可以说是完全空白，没标准指引，没有系统化架构，没有匹配的师资及教学体系，更没有完整地针对职业本科智能建造专业人才培养体系作为指导。

职教本科的特点是对标新型产业、衔接新型岗位，构建国家产业亟须、行业重视的高层次创新技术技能型人才梯队，支持我国建造强国的战略目标的实现。基于此，本书认为职业本科院校在人才培养过程中，最好结合企业及行业进行联合设计，将产教融合校企合作模式进行创新，使其育人效果达到最大化。因此，本书选择浙广职大作为合作院校，将其智能建造产业学院专业作为项目实践研究[67]。

本文在第4章对智能建造专业人才培养体系的核心要素及结构性联系进行了详细的分析，并建立了职业本科智能建造专业人才培养体系[68]。为了验证所提人才培养体系的可行性、可推广性和可复制性，在本章中，以浙广职大智能建造产业学院项目作为实践案例，从中找到职业本科的专业人才培养体系和校企合作模式下的人才培养实施的差距，通过不断迭代优化从而满足现代社会对创新型工程科技人才的需求。

5.1 浙广职大智能建造专业人才培养体系现状分析

浙广职大作为刚刚升级为职业本科的先锋试点院校，其前身是浙江广厦职业技术学院（传统的高职学院），在办学层次提升之后很多领域都是空白，需要进行系统化设计及架构。而职业本科作为一个新型的教育类型，也无成熟的系统化方案可供参考[69]。并且，智能建造专业作为其创办的一个新型本科专业，面临着更大的建设困境。一方面学校办学层次升级，需要提升该专业的办学定位，跟普通本科及高职高专均要有所差异；另一方面，智能建造职业本科专业作为国家刚刚推行且该学校刚申请下来的新专业，围绕职业本科的办学特征及专业建设要求进行专业建设，同样是一项艰巨的任务[70]。

基于此，学校选择借助外力，通过与行业龙头企业及科技公司合作，围绕新型人才培养目标，通过产业学院联合办学的模式，推进该专业人才培养的落地实施[71]。笔者刚好作为合作科技公司的主要设计者，有幸地深度参与其中，借助此次机会，对前期围绕智能建造专业人才培养体系的研究和构建，进行深度项目实践及验证，非常有意义。因篇幅有限，本书将基于浙广职大智能建造产业学院人才培养体系实践验证后的结果进行系统分析总结[72]，并形成最终可行性方案，以为后续职业本科院校开设智能建造专业建设运行作参考。

5.2　校企合作浙广职大智能建造产业学院新模式

2020年教育部办公厅、工业和信息化部办公厅联合发布了《现代产业学院指南（试行）》7大建设任务：创新人才培养模式、提升专业建设质量、开发校企合作课程、打造实习实践基地、建设高水平教师队伍、搭建产学研服务平台、完善管理体制机制。

2020年住建部等13部门联合印发《关于推动智能建造与建筑工业化协同发展的指导意见》，明确到2025年，推动形成一批智能建造龙头企业，引领并带动广大中小企业向智能建造转型升级，打造"中国建造"升级版；到2035年，中国建造核心竞争力世界领先，建筑工业化全面实现，迈入智能建造世界强国行列。

《第十四个五年规划和2035年远景目标纲要》指出以数字化、智能化升级为动力，加大智能建造在工程建设各环节应用，实现建筑业转型升级和持续健康发展，发展智能建造，推广绿色建材、装配式建筑和钢结构住宅，建设低碳城市。

2022年，住房和城乡建设部科技与产业化发展中心提出智能建造"12345"的发展思路：在智能建造领域推进新工科建设，建设一批智能建造现代产业学院，加强对工程管理、土木工程、工程造价等既有专业的升级改造，加快高端复合型人才培养。

在产教融合发展战略的背景下，为贯彻落实《国家职业教育改革实施方案》《现代产业学院建设指南（试行）》等文件精神，充分发挥区位优势，紧密对接智能建造产业链，联合地方政府、行业龙头企业、智能建造产业链的企业，共同打造以产学研用实践教学基地为基础、技术技能科研创新平台为核心、智能建造及工程咨询社会培训服务平台为亮点的智能制造产业学院（图5.1），融教育教学、技术交流、科研创新、社会培训、科技服务、高端技术展示等多功能于一体，推动浙江省智慧城市产业数字化、智能化发展，促进掌握智能建造信息化技能应用的高级技术技能型人才供给。

图5.1　智能建造产业学院平台体系

（1）应用先导，创新人才培养模式

浙广职大和企业合作签订的是"新型订单式"培养方案，不同于以往的"订单式"培养的一企一校、一企多校、一校多企等形式，该方式是满足企业岗位90%以上要求的高度人企匹配的人才培养方式。这样的培养方式，既满足了企业的用人需求，又解决了过去"订单式"的诸多弊病，例如大企业培养择优录用，剩余的学生与其他企业适配性较低，中小企业根本无力定制；本地培养人才难以被本地消化导致人才外流；订单式培养成本高，人才流动反而受限等。

"新型订单式"培养是依托国家或行业公认的人才培养标准，以职教联盟的形式吸纳龙头企业、当地企业、高校、职校，在政府的指导下共研共商区域型人才培养模式；依据企业的人才需求、岗位标准以及学生的真实情况，构建人才的能力矩阵，配套培养能力的课程体系；促进课程内容与技术发展衔接、教学过程与生产过程对接、人才培养与产业需求融合；通过有机整合企业和院校的培养环境及培养资源，实现专业建设和产业发展匹配、实践教学场景和实际工作场景匹配、人才培养标准和企业岗位标准匹配，充分利用虚拟教学工具辅助教育教学，为学生实践能力、职业素养的培养创造良好的条件，为企业输送岗位匹配度高、适应周期短、意愿度高的企业人才[73]。

（2）共同开拓，提升专业建设质量

在提升专业建设质量的层面，企业和院校秉承着共投共建、共同开拓的思路。在专业规划上，企业和院校根据行业的未来发展趋势，共同投入自己的优势和特色的资源，并将这些资源继续有机整合，共同参与专业的学科建设和未来发展方向的规划，赋能院校专业特色的打造；在企业导师入校上，企业派遣专业技术人员和行业专家进入学校参与教学的实践内容的授课，同时组建校企精英人才共同参与到学生人才培养方案的制定和学科专业团队建设中，将认知实习、生产实习、毕业实习贯穿学生整体的学习过程；在组织构建上，校企合作成立专业改革委员会，引入行业标准，并积极开展贴近实际的专业认证，从而提升专业建设的标准化水平[74]；在人才培养方案和课程体系的建设上，学校和企业共同参与到这两者的建设和构建上，同时搭建实践教育平台，方便人才培养方案的实施，辅助展开教学教法教具的改革；在制度革新上，在企业的参与和带领下，帮助高校更新综合治理方式及制度，从而推动专业建设的整体升级，以给其他同类专业的建设与改革起到示范带动作用。

智能建造产业学院，强化"两个全面"，构建人才质量保障新范式。建立健全从专业到课程、从课堂到师生的全方位教学质量评价标准，共建人才培养质量标准体系、质量监控体系、评价反馈体系和质量提升体系。强化校院两级督导工作机制，以诊断与改进为手段，强化人才培养工作状态数据在诊改工作中的基础作用。强化人才培养工作状态数据管理系统的应用，形成全要素网络化的内部质量保证体系。

（3）联合定制，开发校企合作课程

课程是学校人才培养的重要环节，企业方应深度参与学校的教材编制和课程建设中，利用企业在行业和实践上的积累，帮助院校完成课程体系的设计和课程结构的优化，让企业走进课堂，让企业导师走上讲台，将企业基于岗位标准的职业培训体系融合进院校传统的课程体系中，企业和院校一同开发匹配岗位技能的课程和大纲。学校可以在企业的帮助下，和企业一起制定出符合企业需求的职业能力培训课程，高效地为企业输送人才，和企业一起共同推动课程内容与行业标准对接、实践教学流程与实际场景对接、项目开发与产业需求对接，从而建设一批高质量校企合作课程、教材和工程案例集。

智能建造产业学院专业课程体系采用多主体共研开发的校企合作课程。由学校牵头，组织企业行业专家深度参与课程建设，设计课程体系，优化课程标准，融通课岗赛证，构建基本技术技能、专业技术技能、综合技术技能三层递进式专业技术技能提升课程体系（图5.2）。

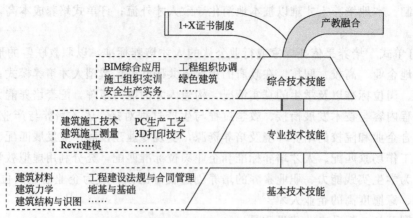

图5.2 三层递进式专业技术技能提升课程体系

融行业标准、合作企业的技术标准和1+X职业技能证书考核标准于专业课程标准中，校企共同开发课程，共同制定课程标准，共同开展教学，借助专业群资源库学习平台，实现"一书一课一空间"。对于技术较新或变化较快的教学内容，编写配套的活页式讲义，保证教材内容的前沿性。对于综合实训、培训类教材，根据岗位工作任务，结合实训，编写工作手册式实践类教材。

（4）共建共享，打造实习实训基地

实习实训基地的打造是院校培养和岗位对标的人才的重要途径。支持院校在企业中搭建生产性实训基地，也支持高校引企入校，落成校内的生产性实训基地，以给学生提供近乎真实的多场景下的生产性实训岗位。通过校企的这种合作，企业可以获得院校的场地资源、技术资源以及教师、学生等智力资源，有效地降低生产成本；学校方则获得了学生顶岗实习的机会、学生实践实操的机会、校内教师参与技术开发的机会、校内教师访企学习的机会等。企业和学校取得了生产与教学双赢的效果。

针对行业和企业的产品、技术和操作流程，选择新型的合作方式保障多个参与方之间的利益权衡，建设符合产业发展的人才需求的实践教学和实训实习环境，构建功能集约、开放共享、高效运行的专业类或跨专业类实践教学平台。

（5）双师双能，建设高水平教师队伍

探索校企人才双向流动机制，设置灵活的人事制度，建立选聘行业协会、企业业务骨干、优秀技术和管理人才到高校任教，高校教师到企业挂职访学交流的双向交流有效路径。先融入产业，再服务产业，最终要引领产业。探索实施产业教师（导师）特设岗位计划，共建一批教师企业实践岗位和"双师双能型"教师培养培训基地，建立"五雁"职业教育师资培养体系建设计划（图5.3）。

实施领雁工程，加强领军"双师"人才建设，打造由教学名师、技能大师、现代工匠等组成的师资队伍。实施强雁工程，构建德技"双馨"培养体系，实施师德养成教育、分层分类培养、名校名企轮训、校企师资共建。实施飞雁工程，培育教学"双能"创新团队，打造一批能教学、能实践研发的高水平教师教学创新团队。实施护雁工程，建立校企人员双向交流协作共同体，健全教师、技术人员在学校和企业间共育、共享的"双共"人才运行机制。建立专业教师轮岗实践制度，校企共建"双师型"教师培养基地，培育"双师型"教师队伍。

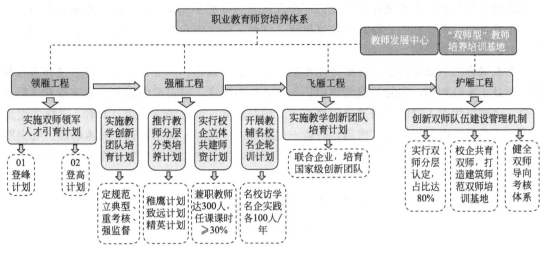

图 5.3　职业教育师资培养体系

（6）校企联合，搭建产学研服务平台

协同高校成立建设联合实验室（研发中心），围绕企业的技术需求和储备联合申报项目，开展联合研究、联合开发，突破企业生产共性关键技术，强化校企联合开展技术攻关、产品研发、成果转化、项目孵化、竞赛大赛等工作[66]，见图 5.4。

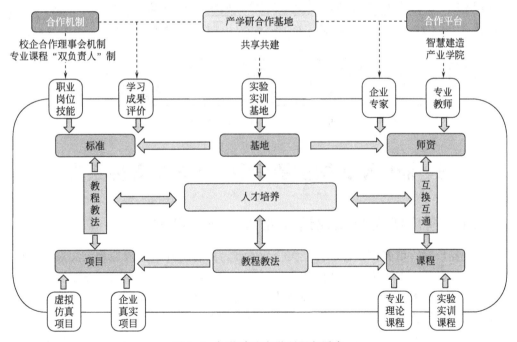

图 5.4　智能建造产学研服务平台

（7）多元协同，完善管理体制机制

探索理事会、管委会等治理模式，赋予现代产业学院改革所需的人权、事权、财权，建设科学高效、保障有力的制度体系，将现代企业管理理念、方式渗透至学生的激励、引导、管理和培养上，不断完善"双元制"的工学结合培养体制，为产教融合提供良好的制度保障和成长沃土。

创新合作机制，凸显职教产业学院特色。学校在智能建造产业学院整体设计框架下，围绕智能建造信息化、工业化和现代化的三个发展方向打造了三家企业学院，实施理事会、专业建设委员会、院长办公会等日常议事机制，创新了一个产业学院下设三个企业学院和三类合作组织的联动型架构。

产教融合的前景应该是教育和产业相融共生、相互成就。产业学院作为产教融合新型载体，尚处于发展初期，实际运营管理中仍然存在诸多问题，需要巩固院校、地方政府、行业协会、企业机构等多方的协同发力，找准多方的共赢点，形成多方共建、共管、共享的建设模式，优化产教融合协同育人机制。打造一批能融人才培养、课题研究、技术研发、社会服务、创新创业等内容于一体的示范性人才培养实体，为其他应用型院校的专业建设提供可复制、可落地、可推广的新模式，为我国区域经济发展提供高质量人才支撑，为经济高质量发展扩展空间，增添新活力，培育新动能（图5.5）。

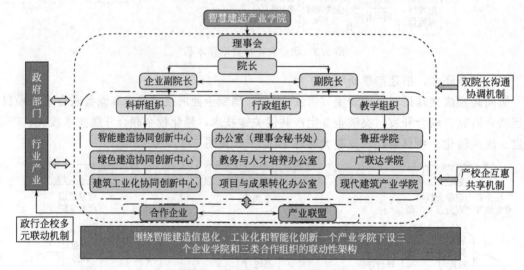

图5.5　智能建造产业学院架构

5.3　浙广职大智能建造专业人才培养体系方案

5.3.1　浙广职大智能建造专业人才培养定位

专业培养目标：培养德、智、体、美全面发展，具有良好职业道德和人文素养，掌握建筑结构分析与设计、土建施工、装配式构件研发、建筑信息模型（BIM）、5D项目管理、虚拟建造等相关方面的技术理论、知识和技能，具有能够从事大型复杂建筑构件深化设计、建筑智能施工、智能化项目管理等工作的高层次技术技能人才。

专业就业：主要面向房屋建筑行业，针对智能建造师、BIM咨询师、结构设计师等岗位，能进行相关科技成果、实验成果转化，能从事结构设计、建筑构件工业化制造、智能建造、信息化管理、建筑工程全寿命更新运维等中高端服务。

5.3.2　浙广职大智能建造专业及岗位分析

（1）智能建造专业基本能力

智能建造专业基本能力是建筑工程技术专业学生在专业领域内从事不同职业活动所必须

具有的能力，它主要包括：

①能熟练识读建筑工程施工图，能使用 CAD 软件绘制施工图。

②能熟练识读房屋构件细部构造，能运用 Revit 软件进行工程构造建模，并能解决施工中的建筑构造问题。

③能运用主流建模软件按照国家标准快速、正确建立 BIM 模型并能进行模型成果输出。

④具有识读材料出厂质量报告和完成水泥、混凝土、砂浆、沥青、钢筋等材料主要技术指标试验的能力，具有填写试验台账及完成实验报告、维护计量器具、仪器的管理能力。

⑤能对构件和结构受力状态进行分析，并处理施工中常规力学问题。

⑥能描述智能建造的特点、智能建造的关键支撑技术以及涉及的智能装备及其应用场景。

⑦能描述施工机器人的构造原理及特点，能操作施工机器人完成简单的动作，能分析出简单的施工机器人故障所在。

（2）职业岗位核心能力

职业岗位核心能力是智能建造技术专业学生从事特定岗位所应具备的专项能力。它包括：

①能准确识读结构施工图，能运用 BIM 软件进行结构建模，能运用 BIM 模板设计软件、BIM 脚手架设计软件进行模板、脚手架设计。

②能运用智能测量设备进行建筑工程施工测量。

③能根据施工图纸和施工实际条件，选择和编制分部分项工程的施工技术方案并进行模拟、优化，能进行施工技术交底并解决施工中的一般技术问题。

④能手工编制土木工程施工图预算、工程量清单、清单报价文件，能运用 BIM 相关软件进行算量和计价。

⑤能根据施工现场实际情况进行传感器的选型、安装、调试等，能应用自动检测系统和装置进行结构安全检测和监测，并能对检测和监测数据进行分析处理。

⑥能运用智能设备实施装配式建筑施工和管理，能进行装配式建筑构件安装指导和质量检验验收，能运用 BIM 技术进行虚拟建造。

⑦能针对实际工程编制施工组织设计文件，并运用 BIM 技术进行施工组织设计优化。

⑧能运用 Python 等进行简单的编程，能按正确的行进路线指挥建筑机器人施工作业，并有效编制人机协同作业方案。

⑨能熟练收集土木工程信息，能解读招标文件的相关条款并做出相应回应，能组织合同签订，能准确、规范地填写合同内容，进行合同备案，能分析发包方的意图，并根据己方的实际情况进行合同谈判，确定基本合理的合同价款。

（3）职业岗位综合能力

职业岗位综合能力是指智能建造技术专业学生综合运用所学知识和技能的能力。它包括：

①能运用主流软件建立建筑信息模型并审图、出具审图报告，能进行招投标，能运用主流软件结合建筑信息模型进行施工现场平面布置，能运用智慧工地管理平台进行建筑工程施工成本、进度、资料、质量安全、材料、人员管理，能建立竣工模型并出竣工图。

②能初步运用所学知识、技能完成顶岗实习岗位相关工作任务。

（4）职业岗位拓展能力

职业岗位拓展能力是指智能建造技术专业学生在职业专门技术能力的基础上从事拓展岗

位工作时需要具备的能力，具体包括：

①建筑工程资料收集与整理能力：初步具有资料计划管理、资料收集整理、资料使用管理、资料归档移交和资料信息管理的能力。

②建筑设备图识读能力：能识读建筑室内照明电气系统施工图、建筑室内通风空调系统图识读，能运用主流软件建立建筑设备模型并进行管线设备错漏碰检查。

③能在工程专业领域里用英文进行简单沟通，能阅读和翻译相关外文资料。

④具备工程全寿命周期质量、安全、进度的智能监测、检测、评估的技术能力。

⑤能较熟练编制监理细则，具有协助监理工程师进行质量控制、进度控制的能力；具有协助监理工程师审核工程进度款、审核工程签证合理性的能力；具有协助监理工程师进行合同管理、信息管理、安全管理的能力；具有熟练收集整理工程监理资料的能力；基本具有与建设方、施工方和政府相关职能部门进行良好沟通的能力。

⑥能描述装配式建筑的特点和装配式建筑构件深化设计、构件生产管理、现场装配的方法和工艺流程以及质量安全管理要求。

⑦能运用价值工程等相关知识进行建设项目的可行性分析。

⑧能初步运用所学的与建筑相关的法律法规进行合同谈判，进行索赔及工程纠纷的处理。

5.3.3 浙广职大智能建造专业教学体系建设

5.3.3.1 智能建造专业课程体系建设

一般包括专业基础课程、专业核心课程、专业实践课程，并涵盖实训等有关实践性教学环节。学校自主确定课程名称，但应至少包括以下内容。

（1）专业基础课程建设

专业基础课以土木工程传统的专业基础课为主，融入一些机械原理、计算机编程原理，建议包括：智能建造概论、房屋建筑学、建筑结构识图、装配式结构原理、工程力学、工程机械认知、Python程序设计。

（2）专业核心课程建设

专业核心课聚焦于数字化、信息化的培养，以行业目前较为落地的应用为重点，匹配相关课程，建议包括：土木工程智能施工、数字化造价应用、建筑物联网技术、智能测绘、智能机器人应用、工程项目智慧管理、土木工程智能检测与监测、建筑施工组织。

（3）专业实践课程建设

围绕智能建造职业本科专业能力目标及岗位能力目标分析，结合智能建造类专业人才培养新模式，结合各类新技术打造智能建造实践系列课程资源，目前关键核心实践课程如下：工程项目智慧管理、智能建造概论、BIM建筑工程计量与计价、全过程数字造价管理、BIM施工组织设计、BIM建模与识图、装配式施工应用、土木工程智能施工、智能建造技术与装备、结构识图与BIM建模、工程力学、建筑工程识图、房屋建筑学、BIM招投标与合同管理。

综上所述，围绕智能建造专业施工及管理两大方向的培养定位，最终形成的智能建造专业核心课程拓扑图如图5.6及图5.7所示。

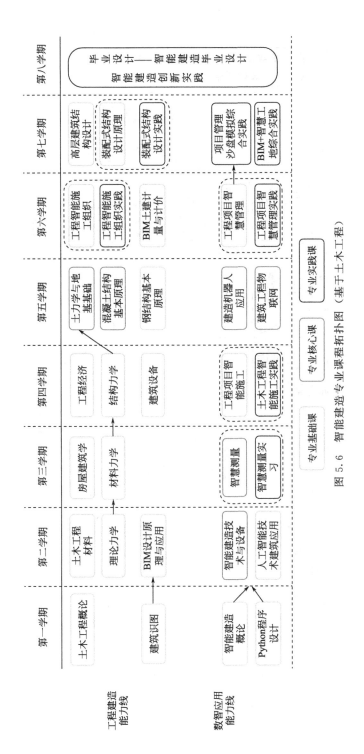

图 5.6 智能建造专业课程拓扑图（基于土木工程）

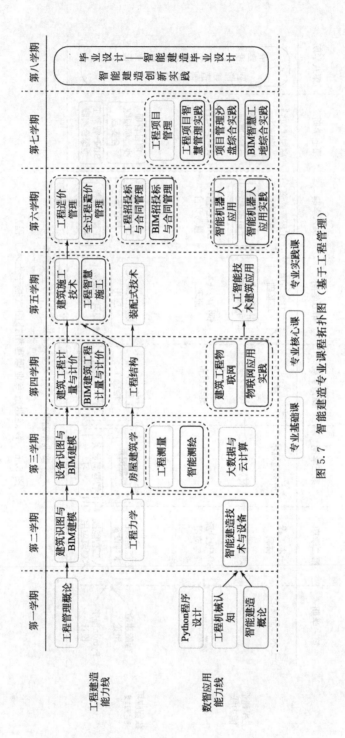

图 5.7 智能建造专业课程拓扑图（基于工程管理）

5.3.3.2　智能建造系列课程教学场景与教学方法研究

智能建造系列课程教学场景与教学方法的设计，首先应该看到技术驱动智能建造业务场景改变，智能建造业务场景可以用一"软"、一"网"、一"硬"、一"平台"来进行构建，基于数字化协同设计建造软件，进行三维虚拟仿真协同设计，并与工程制造形成一体；基于BIM＋智慧工地工程物联网的现场作业管理；围绕智能建造机器人等新设备逐步替代传统人工设备展开现场作业，最终通过建筑产业互联网平台来对参与工程项目建造的全过程、全要素、全参与实施精细化管理，最终保证每个项目成功。

在这种业务场景下，教学场景也就发生了巨大变化：首先教学边界从传统的垂直种类专项向跨专业、跨学科交叉发展，知识体系及专业技能也在发生交叉融合协同；同时新技术的应用，也从传统岗位级软件驱动技能升级维度，迈向项目及企业级，平台也驱动多维协同发展转变，这个时候传统的技能训练教学模式就需要向业务驱动教学转型。通过研究发现，采用项目建造模拟教学法最为有效。在完成传统课程知识及素养体系升级的基础上，围绕一个真实的项目案例，按照智能建造新型应用场景，通过虚拟仿真将业务场景进行还原，带领学生基于项目案例业务场景的实操，掌握相关的新型业务知识；然后借助数字化、智能化智能建造平台，将虚拟仿真的业务场景过程与智能建造平台数据进行打通，通过智能建造平台AI算法，驱动新型场景应用落地，这样基本将智能建造新型岗位现场操作模式与专业教学形成一体。

围绕智能建造业务场景及教学场景研究，结合笔者本人的工作经历，研究出"四流一体"的智能建造业务与教学场景。首先通过业务流，将智能建造典型成熟的业务场景进行全过程梳理，形成业务闭环；然后通过数据流的构造，基于智能建造特色，以BIM为载体，打通建造全过程数据流转；在此借助案例流的分析，以项目驱动教学转化，将项目建造过程与业务流及数据流融合，形成依托于项目的智能建造任务驱动，形成虚实联动数字孪生的建造体；最终，将前面三流进行深度整合及切片，与智能建造专业课程体系进行分解，形成模块化、系统化的教学流，支撑课程认知、知识、技能学习。表5.1为智能建造业务场景与教学场景一体化设计。

表 5.1　智能建造业务场景与教学场景一体化设计

序号	课程名称	课程及教辅系统		
		认知	知识	技能
1	楚雄办公楼工程案例 · 智能建造概论	BIM＋智慧工地数字孪生沙盘教学系统		智能建造虚拟教学系统
2	大数据分析与定额编制	定额原理与市场化计价仿真教学系统		广联达数字新成本平台、广材网指标网
3	智能建造技术与设备	智能建造施工技术仿真教学系统（智慧工地认知与规划＋施工技术基础知识）		BIM＋智慧工地平台（技术与机械设备）
4	建筑机器人应用	智能无人塔吊虚实教学系统、建筑机器人虚实教学系统		工作任务驱动建筑机器人应用
5	建筑工程物联网	建筑工程物联网虚实教学系统		BIM＋智慧工地管理平台（工程物联网应用）

续表

序号	课程名称		课程及教辅系统		
			认知	知识	技能
6	楚雄办公楼工程案例	工程智能施工组织	智能建造施工组织仿真教学系统		广联达斑马进度软件、 广联达三维场布软件、 BIM+智慧工地管理平台
7		数字化计量与计价	数字化计量与计价虚拟仿真教学系统		广联达云计量平台、 广联达云计价平台、 广材网指标网
8		工程项目智慧管理	智能建造施工管理仿真教学系统 （智慧工地施工与管理）、 工程项目管理 AR 沙盘（策划+执行）		BIM+智慧工地管理平台 （进度、质量、安全、成本）
9		人工智能技术建筑应用	Python 人工智能实训工作台		Python

5.3.3.3 智能建造师资阶梯式建设

聚焦智能建造行业发展及人才培养创新，围绕智能建造技术发展与市场趋势，关注智能建造专业设置与人才培养，对智能建造产业学院相关师资展开智能建造技术应用与实践能力提升，主要围绕以下五个方面。

①一“软”智能建造：BIM 技术全流程实践与教学应用；

②一“硬”智能建造：智能装备与建筑机器人的实践和教学应用；

③一“网”智能建造：智慧工地项目实践与教学应用；

④一“平台”智能建造：数字项目管理平台案例实践及教学应用；

⑤标杆项目参访：智能建造战略协同管理系统的应用与实践。

最终，通过共知、共学、共践、共探四个环节螺旋式设计，使其老师达到能力升级的目标。表 5.2 是相关能力提升培训方案。

表 5.2 教师能力提升培训方案

模块	主题	课时	内容
共知	开班、团建领导致辞	2	团建相关
	智能建造技术发展与市场趋势	2	1. 建筑行业数字化发展及智能建造的发展现状 2. 智能建造的定义及建设路径 3. 智慧工地软硬件一体化应用实践 4. 智能建造的项目应用成果案例分享
	智能建造专业设置与院校人才培养	4	1. 智能建造专业的建设目标与建设路径 2. 智能建造专业的改革探索与实践 3. 对于智能建造人才培育的思考与创新 4. “双师型”教师实践教学能力提升的困境与突破

模块	主题	课时	内容
共学	BIM 技术全流程应用	24	1. BIM 施工模型搭建 2. 钢筋、砌体、模板深化设计与算量 3. 工序模拟动画制作和交底 4. 模型渲染、VR 全景图应用 5. 施工进度计划编制与进度动态管控 6. BIM 施工现场模型创建及场地漫游动画制作 7. 基于 BIM 的方案可行性模拟与比选 8. 课程数字化改革与设计
	工程数字化项目管理平台	4	1. 数字项目管理平台在建筑业中的应用价值 2. 项目搭建及协同人员权限配置 3. 数字项目管理平台的技术模块实操 4. 数字项目管理平台的商务模块实操 5. 数字项目管理平台的质安模块实操 6. 智慧管理虚拟仿真实训平台入课思路分享
	智能装备与建筑机器人	4	1. 智能建造机器人应用 2. 智能塔吊应用 3. 智慧测量与综合质检技术应用 4. AI 智慧监测 5. 建筑物联网平台
共践	BIM＋智慧工地标杆项目参访	8	1. 中建七局科技城项目/滨河国际新城孵化园区项目 2. 企业交流—智能建造技术应用与人才能力需求 3. 智能建造标杆院校参访
	实际工程项目案例实操	16	统一命题，小组案例实战演练，分组展示 PK
共探	智能建造人才能力需求扫描	4	小组总结提炼智能建造人才能力知识体系图谱
	智能建造人才培育主题探讨	4	小组依据人才能力知识体系图谱进行培养方案探讨
	智能建造专业建设方案输出与展示	8	小组分工制定简要版智能建造专业建设方案并分组展示

　　本节以浙广职大智能建造产业学院智能建造专业人才培养体系实践为例，首先对浙江广厦职业建设技术大学智能建造专业人才培养体系现状进行了分析，在职业本科标准及智能建造专业人才培养体系标准"双白"的情况下，探讨如何进行专业建设及人才培养实施。在产教融合校企合作大背景下，学校采取与行业龙头科技与施工企业合作，成立智能建造产业学院，联合展开智能建造专业人才培养。经过该专业的实践，对智能建造专业人才培养体系进行有效实践验证，对其中的问题及不足进行了优化迭代。最终，输出了职业本科智能建造专业人才培养体系标准方案，同时也对校企合作智能建造产业学院模式进行了梳理归纳。虽然该项目存在一定挑战，但是整体而言效果非常不错，得到了学校及兄弟院校的高度认可，培养的智能建造专业人才也得到了行业企业的高度认同。当然，整个过程实施，从前期的假设到项目实践验证，到最后优化迭代的标准方案的输出，经过了多次线上线下专题研讨，邀请了行业企业专家到场进行深度分析，不断总结迭代。当前来看，围绕专业人才质量标准建设，评价体系及岗位实践体系的闭环仍然还有待进一步研究。

5.4 广联达智能建造产业学院项目实践思考

随着建筑业发展的日益加快,工程项目建设已朝着大型化、复杂化、多样化的方向发展,综合性大体量建筑不断涌现,建筑产品趋于复杂,结构功能需求多样,新型设备不断涌现,智能化水平要求越来越高。过去对建筑产品的要求主要是结构合格;将来则从绿色、零碳、健康、个性化生活空间以及工业级品质等多方面提出更全面、更综合的要求。过去建筑工程的发包方式是规划、设计、施工等分别发包;未来EPC(工程总承包)、PPP等发包模式可能成为主流。过去的生产方式是砌筑、现浇施工;未来将是设计标准化、部品部件预制化、施工装配化、装修一体化、管理信息化的装配式生产。过去的服务方式是投资咨询、勘察、设计、监理、招标代理、造价等独立发挥作用;未来将是全过程工程咨询等综合性服务。

建筑业向绿色化、工业化、智能化方向发展,必须依托BIM、物联网、云计算等数字技术,打造数字建造创新平台,打通数字空间与物理空间,提升工程建设的数字化水平,并建立数字技术人才引、培、用机制,规范数字创新人才的能力素质标准,明确数字技术人才需求。

5.4.1 广联达基于企业人才需求变化思考

步入新时代,建筑业正走向绿色发展、工业化发展、智慧化发展。智能建造是解决传统建筑业突出问题的崭新路径,利用BIM、虚拟现实、大数据、人工智能等数字技术普及应用,依托5G移动通信技术支撑,实现智慧设计、智慧施工、智慧造价、智慧运维。建筑企业不仅需要数字技术与先进工程建造技术上的人才储备,还需要建立符合数字化转型要求的管理模式、组织架构、人才队伍等配套措施,来全面实现建筑工程项目的数字化、在线化、智能化。随着建筑产业数字化转型的不断深入,人工智能、大数据、物联网等数字技术与先进工程建造技术的日益融合,将加速推动建筑业岗位的替代与升级。

由数字化引领的智能建造方式将颠覆传统建造,建筑的规划方式、设计方式、建造方式、运维方式以及管理方式都将发生一系列变革。建筑业在绿色化、工业化与信息化的"三化"深度融合过程中,其全生命周期的设计、建造和运维的各个阶段正朝着智能化与智慧化发展,发生着显著变化,同时对人员能力也提出了新的需求。

在数字技术支持下,工程造价专业人员和政府监管人员的工作将发生彻底的变化,算量、组价、审价等重复性、事务性、流程性工作大部分将被人工智能所取代,主要工作内容将集中在造价控制、决策分析、造价大数据集成应用等高附加值的基础建设和决策性工作上。

未来的数字建筑工程管理人才应当具备复合的知识结构,包括土木、机械、材料、信息等学科知识;具备较强的工程建造能力、多学科融合的专业能力;具备创新思维,兼备工程社会意识,能够综合考量技术能力与环境社会的协同。

高校数字化人才培养定位需要重新构建,高校作为行业人才需求的蓄水池,应当以行业变化趋势为依据,以企业人才新需求为基点。在新形势下,需要重构人才培养体系,一方面要强化新知识、打牢新基础,另一方面要建立强化工程实践的人才培养机制。

为全方位满足社会对各层次数字化人才的需求,本科、高职、中职学校应结合学校实际情况,在工程数字化人才培养中有清晰明确的定位。本科学校应定位于高级数字化技术应用和管理型的人才培养;高职学校应定位于高素质技术技能型的人才培养;中职学校应定位于技能技工型的人才培养。

当前建筑行业面临巨大挑战，现役基础设施日益老化、技术人才短缺、人口老龄化与劳动力短缺、缺乏核心技术标准体系等问题制约建筑业高质量发展。科技创新为建筑业应对既有挑战、突破技术瓶颈、引领产业变革提供了条件，各国政府与企业对智能建造倾注全力，推动技术变革。所以，智能建造是传统建筑业转型的机遇与途径，也是土木工程学科的延伸和拓展。高校智能建造专业需要培养的是智能规划与设计、智能装备与施工、智能设施与防灾、智能运维与管理复合型人才。

其中一方面亟须明确专业培养目标，打破传统课程体系、知识结构的桎梏，创新教学模式；另一方面亟须加强师资队伍建设、平台建设、制度建设，为智能建造专业的发展夯实基础。高校应当从专业实践、全过程培养、国际化三个视角推进智能建造专业建设；面向国家建设需要、适应未来社会需求，培养土木工程行业和科技最新发展的专业人才，以全面支撑未来数字建筑的宏伟蓝图。

5.4.2 广联达对建筑类院校当前现状应对分析

"十三五"期间，高等教育不断发展，研究型、应用型等各类高校各安其位、各展所长，学科专业结构不断优化。随着信息技术和经济的发展，为培养出符合建筑行业转型升级的数字化人才，国家教育部门陆续发布了一系列政策，包括"双一流""新工科""双高建设"及"提质培优"等（图5.8），各类院校在各方向建设上也不断探索，取得了部分突出的业绩，当然过程中也遇到了一些困难，例如学生能力定位、师资队伍建设、课程体系改革、管理体制及运行机制调整等。

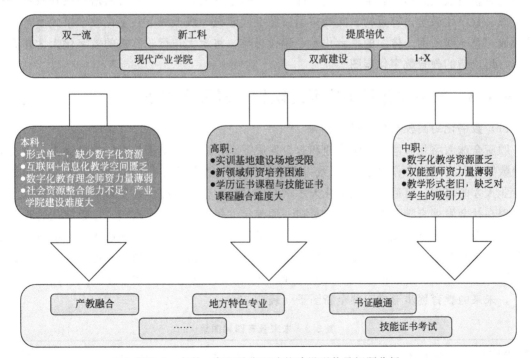

图5.8 本科、高职及中职院校建设现状及问题分析

（1）本科类院校现状及问题分析

本科类院校更注重理论上的专业化通识教育，涵盖理论知识和能力塑造，以具备较宽厚的跨专业知识和较强的数字化创新实践应用的管理型人才培养输出为主。现阶段主要问题有

教学与科研功能失衡、专业建设特色不明显、双师双能型教师培养体系匮乏、校企合作落实不彻底等。突出表现为：教学内容陈旧、教学形式单一；缺少数字化教学资源；新时代互联网＋等信息化教育教学空间匮乏；具备数字化教育理念师资力量薄弱；整合利用社会资源的能力有限，产业学院建设难度大等。

（2）高职类院校现状及问题分析

近年来，高等职业教育的大力发展不仅表现为外在的数量增多、规模的扩张，而且体现出内在的质的提升，其发展潜力和前景受到广泛关注。随着政府和社会对高等职业教育投入的高度关注以及外部环境的逐步改善，高职院校的内涵建设与环境优化都日趋重要，其中"1＋X"政策响应、"校企合作"新模式探索以及"双高建设"等内容尤为凸显。伴随政策和建设需求，高校的核心关注问题主要表现在：实训基地建设场地受限；缺少数字化和智能化教学设备；新领域师资培养困难；课程改革难度大等问题。

（3）中职类院校现状及问题分析

相较于普通高中教育和高职教育，全国大多数中职学校在软硬件环境、教学资源以及师资力量和生源素质等方面则显得黯然失色。受这些因素影响，大多数中职学校办学质量一直处于低位徘徊的状态。现阶段主要问题有中等职业教育的认可度不高，生源结构基础较低，就业与升学抉择以及数字化教学资源匮乏，缺乏标准化、一体化的案例资源，师资力量薄弱，智慧课堂建设不足，课堂缺乏持续吸引力等。

"十三五"收官，在办学理念、师资队伍等方面有待突破。"十四五"继往开来，提出对数字化重塑建设更迫切的要求。为此，探索教育数字化人才培养路径将从培育双师双能型教师资源、数字化教学内容重构、实验实训智慧空间建设、线上线下数字化教学模式变革等方面形成"点－线－面－体"的平台化专业建设思维，将大大与行业需求的数字化人才能力相适应，形成新的教育数字化蓝图。

5.4.3　数字化背景下广联达院校应对方案构建

（1）数字化对高校教育模式的影响

顺应全球数字化大潮，紧跟产业和教育发展需求，广联达工程教育定位升级为"建筑类高校数字化人才培养合作服务商"，致力于建筑类数字化管理人才、数字化应用人才和数字化专业人才的培养，打造基于数字化人才培养体系的立体化课程体系及平台化教学体系。

现在社会发展充满不确定性，但是唯一的确定性仍是数字化的重塑。在数字化的时代背景下，一方面，由于行业格局、商业模式、业务的逻辑和模型都在不断迭代，岗位边界的模糊化致使对复合型人才的需求变强；另一方面，国家"十四五"规划明确提出，要加快数字化发展，发展数字经济，推进数字产业化和产业数字化，提升全民数字化技能。在数字化浪潮下，未来的教育逐步形成四种全新图景（表5.3）。

表 5.3　未来教育四种图景

未来教育的四种图景	目标和功能	组织和结构	师资力量	治理和地缘政治	公共当局面临的挑战
学校教育扩展	学校教育在社会化、资格认证等方面扮演着重要角色	教育垄断并保留了学校系统的传统功能	教师职业垄断，并具有潜在的新规模效益和任务分工	传统公共行政部门发挥重要作用，并强调国际合作	适应不同需求并确保系统质量。在共识和创新间保持潜在平衡

未来教育的四种图景	目标和功能	组织和结构	师资力量	治理和地缘政治	公共当局面临的挑战
教育外包	需求碎片化，自主性强的学生需要更灵活的服务	结构多样化，即教师个人可以实施多种教学组织形式	学校内外运作更加多样	教育系统在（地区、国家、全球）教育市场中扮演重要角色	确保准入和保证质量，纠正"市场失灵"。与其他学习供应商竞争，促进信息流通
学校作为学习中心	灵活的学校安排支持个性化学习和社区参与	学校作为学习中心，组织多种资源配置	专业教师是专业知识网络节点，该网络具有广泛性和灵活性	高度重视地方教育决策。伙伴合作关系可自行组织	利益和权力分配、地区目标和系统目标存在潜在冲突。不同地区当局的能力差异巨大
无边界学习	传统的教育目标和功能因技术得到而被改变	学校作为社会机构被取消	学习者成为知识的生产者和消费者，并在社区（地区、国家、全球）中发挥重要作用	全球数据和数字技术的治理成为关键	潜在的高度干预主义影响民主控制和个人权利保护。社会分裂的风险高

根据相关报告数据，疫情后市场对数字化人才的总体需求量，相比去年同期增长了91%，八成职场人认为任何岗位均需具备数字化能力，然而当前数字化人才只占整体白领人群的4.6%。

企业的数字化转型要求各岗位的人才具备一系列新的数字化能力，未来企业的人才都需要具备将数字化能力融入解决问题的过程中。在这种背景下，对于企业而言，因为市场需求倒逼，希望职场员工能迅速掌握数字化技能；对于学校来说，也迫切需要专业数字化课程体系与产业接轨，希望尽快跟上企业的发展节奏，精准输送人才。

建筑类数字化人才（数筑人才），是指具备较高信息素养，有效掌握数字化建筑专业能力，并将这种能力不可或缺地应用于工作场景的相关人才。根据数字化能力要求差异、应用场景的不同，可将数字化人才分为数字化管理人才、数字化应用人才、数字化专业人才。

数字化管理人才：具备数字化思维，善于利用数字化带领团队推进企业数字化变革的企业管理者。

数字化应用人才：基于不同业务场景，善于利用新技术手段提高业务效率和价值的人才。

数字化专业人才：专业数字化技术岗位，聚焦数字化基础设施打造。

建筑数字化发生了什么，智慧设计发生了什么，智慧造价发生了什么，智慧施工发生了什么，智慧运维发生了什么？这些跟上层的学校的教育有关系吗？好像很远，又好像很近。远是因为学校无法获取行业企业一线的数据和资源；近是因为学校培养的人才要进入到这些新场景。在科技和教育的赛跑中，教育远远落后于科技意味着什么？意味着培养的人无法满足未来新的场景。

因此，需要打造新的产教融合平台去培养数字化人才。在数字化时代下，通过对未来教育的分析、解构及重构，以广联达为中心，联合政企行校多方，将行业资源赋能到高校，结合前沿科技与信息产业，在融合产业需求的基础上，通过构建新场景、新业务、新岗位、人才能力新需求，打造以学生为中心，围绕学生实战能力、创新创业能力和跨界整合能力而开展数字化教学平台体系化建设。在整个过程中，都可以用数字化平台和工具来进行从底层到上层的支撑，这里面是一个循环，需要不断地迭代改进。

（2）数筑人才培养探索路径

在新时代产教融合模式下，目前建筑产业发展急需数字化新型人才，同时结合教育发展趋势和教育相关政策，建立健全多层次、多类型的人才培养体系，加速培养实用型、综合型、复合型数筑人才，为产业发展提供人才支撑，助力产业持续健康发展。图 5.9 为数筑人才需求探索路径图。

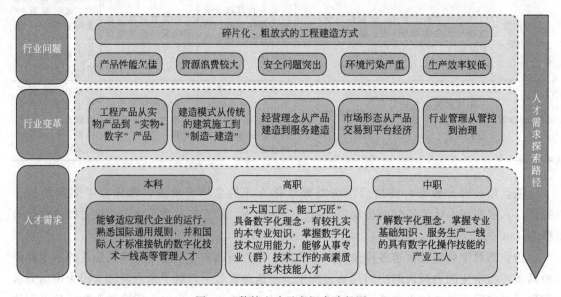

图 5.9 数筑人才需求探索路径图

经过对建筑类院校现状的调研分析，发现要想培养满足未来产业需求的数字化人才，这中间存在的差距还不小，无论从现有的教学资源、师资力量还是实训基地的支撑，都存在明显的差距。为解决数筑人才供需不平衡，实现共筑育人的目标，基于产教融合的理念，按照"点—线—面—体"的思路，保障产教深融的实施与实现。

"点"状的数字化应用，比如：通过 BIM 技术或者虚拟仿真技术的应用，实现教学内容的信息化、可视化；用评分软件实现对学生的作业文件进行自动评分……这都是数字化技术的点状应用。

"线"状的数字化应用，是解决教学某一流程的数字化应用，比如：课程与课程的 BIM 案例互通，形成基于一套案例的 BIM 课程；每节课的评价有机地建立联系，实现每节课、每门课程、每个学期、每个学习阶段的过程评价和结果评价，最终形成对学生的多维化评价指标，精准对接就业。

"面"状的数字化应用即体系化的数字化应用，比如数字化课程体系，首先课程与课程之间在案例、教学组织等维度形成数据互通，不同课程再结合应用场景围绕"认知-知识-技能-综合"构建不同层级的课程类别，最终使得课程间能够有机地融合，横纵贯通，适用于培养不同阶段、不同层次的院校学生，为数筑人才的培养奠定基础。

"体"状的数字化应用即不同的数字化应用体系有机地组合在一起。比如：学校领导可以通过数据看板随时清晰地了解到学院中每个学生在校过程发生的所有数据，精准地了解到学生日常的生活和学习情况及技术技能的掌握情况,以及当前阶段下就业岗位的匹配度;也能了解到每位老师教学的全过程,结合教学数据能够精准地评价和促进教学的改革升级。

图 5.10 为数筑人才画像。高校可根据不同定位,基于"点—线—面—体"的思路,构建教育体系,形成以教师("人")、课程("课")、教法("法")、场景("场")、管理("管")为五大元素的人才培养路径。

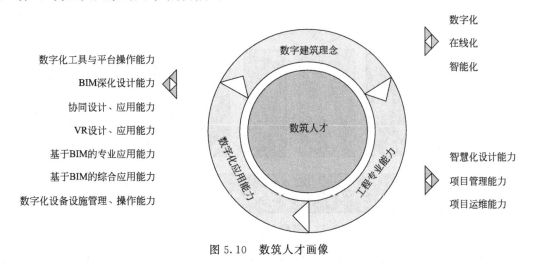

图 5.10　数筑人才画像

(3) 分层级人才培养

① 本科人才培养路径探索(图 5.11)。以学生为中心,依托一体化、智能化教学管理与服务平台,通过线上线下混合式的教学模式,围绕工程教育认证标准,培养具备扎实专业知识、较高工程素养以及数字化技术应用与管理高级复合型人才。

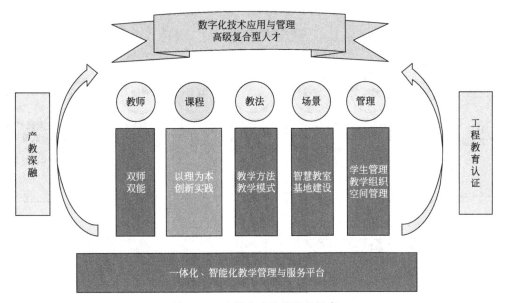

图 5.11　本科人才培养路径探索

② 高职人才培养路径探索(图 5.12)。以学生为中心,依托一体化、智能化教学管理与服务平台,按照"一地一案、分区推进"原则,校企联合打造优质专业群、学徒制等育人模

式，通过线上线下混合式的教学模式，围绕 1＋X、双高建设等主题提质培优，培养具备高素质、高等级数字化技术技能人才。

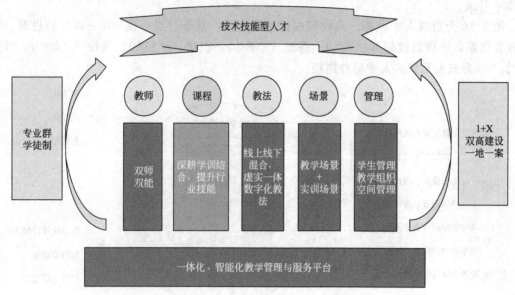

图 5.12　高职人才培养路径探索

③中职人才培养路径探索（图 5.13）。以学生为中心，以 1＋X 技能认证为牵引、专业基础知识与数字化技能实践并重，依托一体化、智能化教学管理与服务平台，通过线上线下混合式的教学模式，结合三维可视化、VR 交互体验、闯关模块化等方式提升教学趣味性，培养了解数字化理念、掌握专业基础知识、服务生产一线的具有数字化操作技能的产业工人。

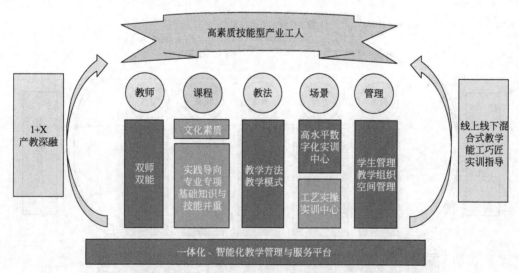

图 5.13　中职人才培养路径探索

最终，构建基于平台化专业政企行校于一体的专业建设路径（图 5.14），实现产教融合、职普融通、科教融汇的多维协同育人体系。

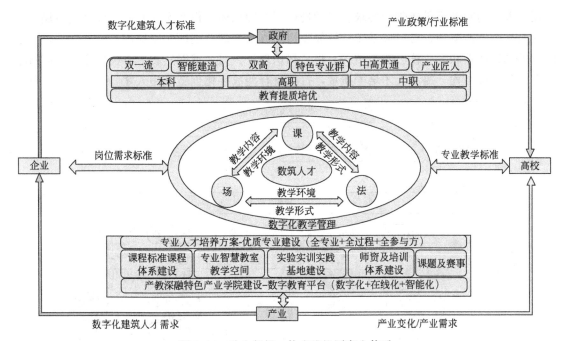

图 5.14 政企行校一体多维协同育人体系

（4）数字化特色课程建设

在行业数字化变革的背景下，中高等院校教育应结合数字化发展趋势，积极引入虚拟仿真、BIM、人工智能、云计算、物联网、移动设备、VR 等新技术，建设数字化特色课程体系，实现教学测评数字化、教学过程数字化、教学内容数字化、教学方法数字化及教学场景数字化，达到新时代人才培养的提质培优（图 5.15）。

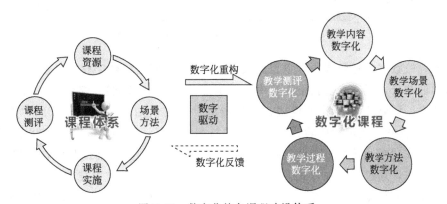

图 5.15 数字化特色课程建设体系

①本科院校数字化特色课程建设思路（图 5.16）。本科院校数字化特色课程体系建设基于"以理为本，创新实践"的理念，围绕"理论层-实践层-综合层"，结合数字化、智能化新技术，构建"三层一体"培养模式。以"仿真式""交互式""可视化"进行数字化教学，实现教学过程的数字化；通过开设"数字化""智能化"相关课程，实现教学内容的数字化；创新教学方法，引入"PBL 项目实践教学法""数字任务驱动教学法""团建八步教学法"等新型教学形式，实现教学方法的数字化；引入虚拟建造场景，还原项目实际情景与生产要素，实现教学场景的数字化，以此创新现代化本科人才培养模式，兼顾理论知识教学与实践

应用培养，同时满足科研创新要求。以"理论层"知识体系作为实践基础，以"实践层"核心能力作为实践驱动，可形成基于"智能建造"方向的综合创新实践应用，引导学生建立系统化的知识体系和专业核心能力结构，将"知识理论"与"智能实践"有机融合，提高数字化思维的层级结构，提高人才培养质量，打造复合型数字化创新应用人才。

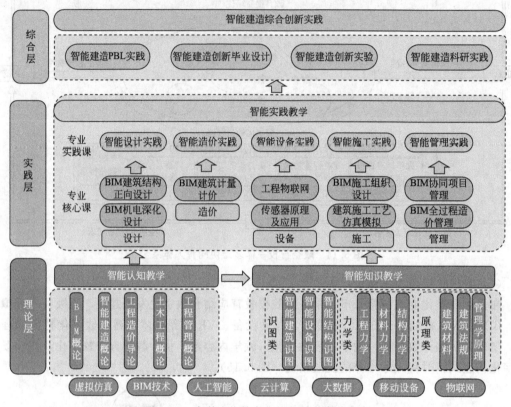

图 5.16　本科院校数字化特色课程建设思路

②高职院校数字化特色课程建设思路（图 5.17）。高职院校数字化特色课程体系建设基于"深耕学训结合，提升专业技能"的理念，围绕"基础层-技能层-综合层"，结合数字化、智能化新技术，创新人才培养新模式。"基础层"专注认知与基础教学，以"虚拟仿真""BIM"等融入教学，实现"体验式"岗位认知与基础学习；"技能层"突出核心技能课程的关键业务，形成"专业核心＋专业实践""理实一体"的两种方式辅助教学，打造虚实一体数字化教学模式，通过引入项目式案例，以工学交替的方式进行技术技能的学习；"综合层"以专业综合实训为重点，根据专业特色建设形成不同类型的实训内容，最终以数字化工具、智能化技术为载体，开展基于实际项目的 BIM 毕业设计，训练学生基于建设项目不同阶段的行业技能，同时结合顶岗实习对所学专业进行综合能力的巩固提升，助力高素质技术技能型人才的综合培养。

③中职院校数字化特色课程建设思路（图 5.18）。中职院校数字化特色课程体系建设基于"提质培优、增值赋能"的理念，结合 BIM、多人 VR 和 VR 直播技术，构建公共基础和专业技能两位一体的课程体系。公共基础课程围绕中职三科（思想政治、语文、历史），主要培养具备身心健康、良好的职业道德的综合素质；专业技能课程根据学生的兴趣爱好，结合数字化的手段，比如：BIMVR、BIMAR、虚拟仿真、多人 VR、VR 直播等技术，将建

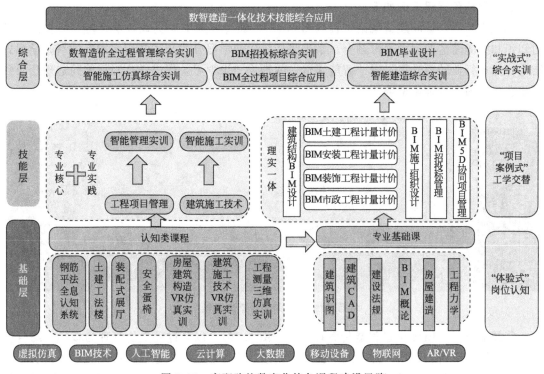

图 5.17　高职院校数字化特色课程建设思路

筑实体模型和实际施工过程引入课堂，提升学生的学习兴趣，潜移默化地学习专业技能，通过不同方向培养学生不同的职业发展路径。在学习的过程中，引入实际项目案例教学，学生通过参加各种大赛，以赛促学、以赛升学。通过顶岗实习、不同专业方向 BIM 技能实训，深入体验数字化企业应用，掌握数字化的工作内容及核心技能，培养爱岗敬业、精益求精的大国工匠。

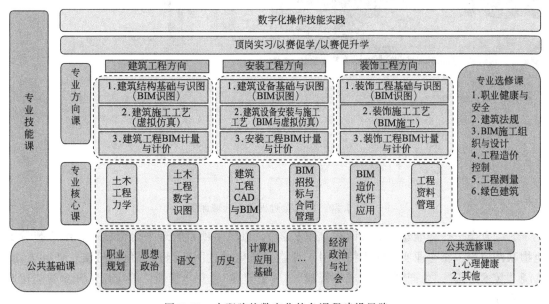

图 5.18　中职院校数字化特色课程建设思路

数字化特色课程示例如下：

①理论类——智能建造概论课程（图 5.19）。通过智慧工地实践教学系统，将智能设备的知识和智能建造的理念紧密融合，学生将在线化的学习方式与"知识实践"的新教学模式结合，完成行业转型升级过程"智能建造"的理论知识学习，促进学生对智能建造理念及数字建造应用内容的理论掌握。

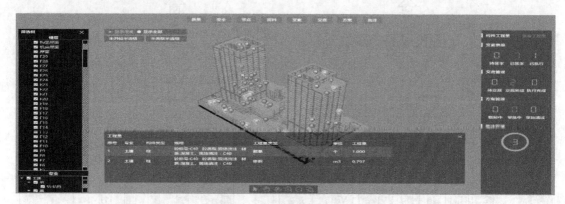

图 5.19　智能建造概论课程

②技能类——BIM 全过程造价管理课程（图 5.20）。以全过程造价管理为核心，结合智能算量、智能组价、智能选材、人工智能等技术，将行业全过程造价实际场景融入真实教学课堂，学生通过数字教学平台进行线上线下混合式整体团队教学，围绕概算、预算、结算、审核等造价实际业务应用，开展 BIM 全过程造价实训。

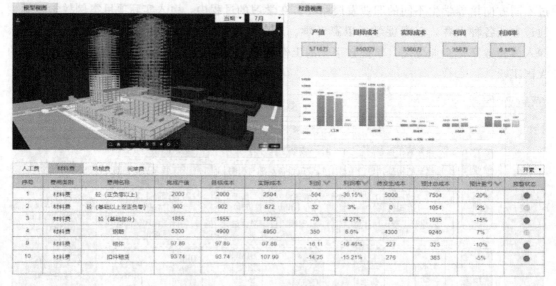

图 5.20　BIM 全过程造价管理课程

③综合类——智能建造实践课程（图 5.21）。以数字项目管理平台为核心，结合智慧工地物联网应用，将企业实际应用情景引入课堂，学生通过团队组建、角色扮演、任务驱动，围绕"技术管理""生产管理""成本管理""质量管理""安全管理"等应用，开展智能建造综合实践。

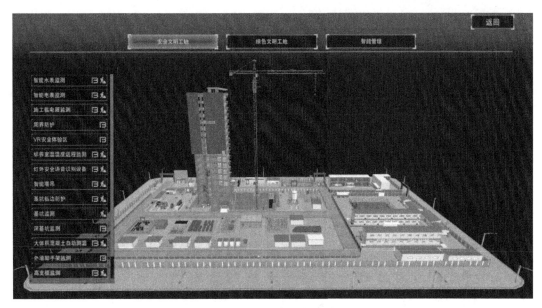

图 5.21　智能建造实践课程

（5）数字化教学创新传统教学模式

信息化教学（图 5.22）在一定程度上提升了学习效率，但多应用在教学活动的外围层次（即"练–测–评"），与思考和规划相关的核心环节"教"现阶段尚处于初级阶段，产生的数据也是非结构化的，数据资源无法有效利用。广联达数字教学平台通过"平台＋内容＋数据"的创新数字化服务模式，深入教学质量和效果提升的核心层，为高校提供围绕教学的全面的数字化服务。

面向院校管理者，不再凭借经验和低效的调研制定专业及招生计划，而是依据可靠的行业大数据、企业大数据和毕业生流向大数据，进行科学决策，根据最新的岗位能力标准制定真正符合产业需求的人才培养方案；通过真实的学情大数据反馈，实时掌握人才培养进展和效果，及时做出管理决策并根据教学效果科学进行教师评估。

面向教学者，打破传统的以教为中心的计划性施教，让以学习者为中心的个性化教学不再是难题，通过课前量化的学习行为和知识掌握情况侦测，提前预知学情，动态调整教学设计，通过开展形式多样的数字化教学互动和可实时评价的实训教学，及时掌握教学效果，根据教学目标自动匹配平台海量优质习题资源自动进行批改和错题分析，根据教学目标自动匹配平台海量优质习题资源并自动进行批改和错题分析，降低老师教学难度、提升工作效率的同时，智能地为学生提供导学和学习路径规划，全面改变传统教学模式。

面对传统教学中授课方法单一，教学与学习效率低的问题，广联达数字教学平台与教学教法的深度融合应用，将会转变传统的教学策略，增加数字化教学方法与手段，优化提升教学模式。

数字教育转变教学策略。教学策略是指在不同的教学条件下，为达到不同的教学结果所采用的方法、方式、媒体的总和。在传统的教学策略中（图 5.23）老师是教学的主体，整个学习过程中以老师教为主、学生学为辅。期望的教育策略是"因材施教"，对于每个学生实施针对性、个性化的教学，也就是说需要老师围绕学生展开教学。

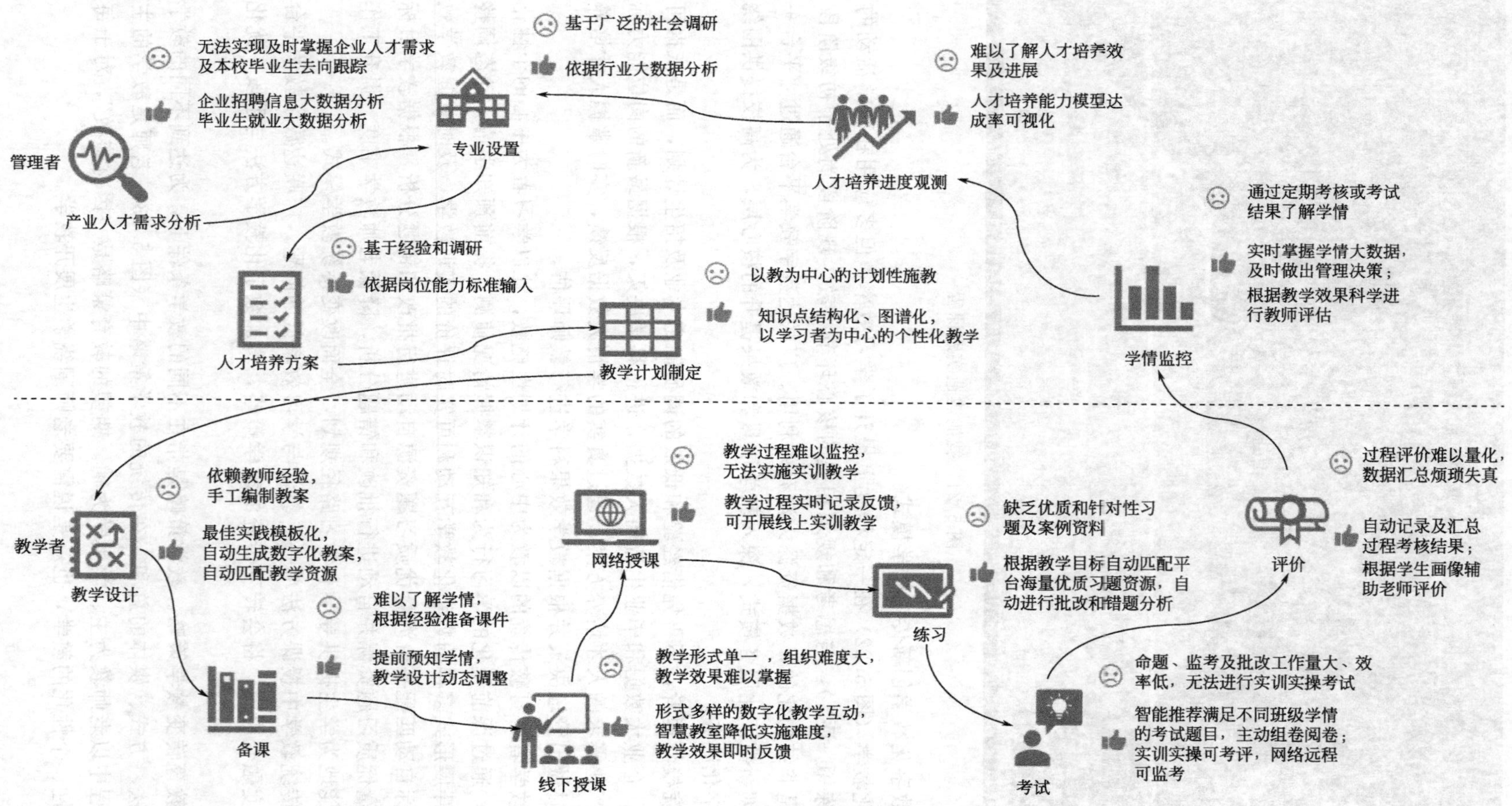

图 5.22　信息化教学逻辑流程

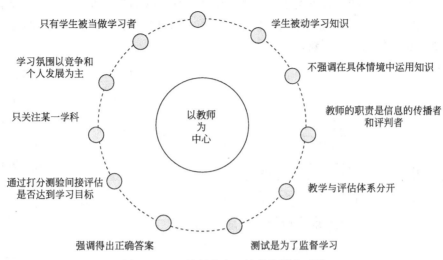

图 5.23　以教师为中心的教学策略不足

　　传统的教学现场是教室，老师在教室里组织学习，也就是教室成为学习的唯一场所，即课堂。但是传统的大课堂式教学模式下因为学员水平参差不齐，教师精力难以顾及等因素做不到或者做不好"因材施教"。

　　而数字化教学平台＋智慧教室利用数字化教学资源、设施、手段翻转课堂，学生通过教学平台展开学习，并完成相关的测试，这时老师通过教学平台的分析与总结发现不同的学生存在不同的问题。这样，在智慧教室中教学的时候，老师会针对每个学生存在的不同问题进行针对性的辅导和教学，真正做到个性化学习，如图 5.24 所示。

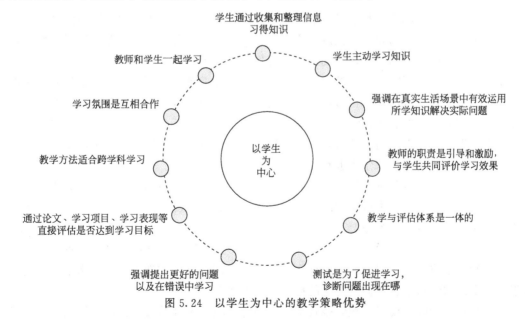

图 5.24　以学生为中心的教学策略优势

　　数字教育创新教学方法。教学方法是指师生为达到一定的教学目的、完成教学任而采用的教学措施和教学手段，是教师和学生相互结合的活动方式。传统教学方法以教师授课、线下练习、笔试考试等手段为主。数字教育是通过把教学的核心内容、关键的教学活动数字化、在线化，形成以数字化资源＋数字化教学平台为主要载体，与数字化教室（智慧教室）深度结合，达成线上＋线下多种场景、软件＋硬件多种形式的教学方法。基于数字教学平台（图 5.25），教学主要环节"备-教-练-考-评"各阶段的核心动作都能产生新的变化，也可给教师提供信息时代的教学创新。

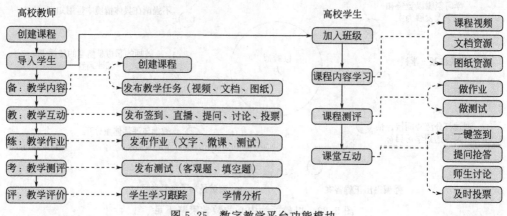

图 5.25　数字教学平台功能模块

名师录播——教师可通过平台同步录制课堂授课场景，快速形成个性化的微课资源，还能将录制的课程用于学生课后巩固知识的补充；教师也可将前期录制的个人在线课程，基于教学平台开展 SPOC、MOOC 下的教学，突破课堂内外、校园内外的时空限制，发挥个人积极的影响。

直播课堂——教师基于平台能对固定班级成员，或者社会大众开展"面对面"的授课，学生在家通过学生端，配合课堂教学要求，完成实时的在线互动、考勤、提问、投票、作业等环节。

发起讨论——在混合式教学模式下，教师通过桌面或手机终端，发起实时的问题讨论，学生通过平台响应教师的要求，完成对应的结果呈现。对比传统课堂教学，通过电脑终端和智慧黑板展示讨论进度和结果，调动课程学习气氛，督促学生学习。

发布任务——教师结合个人教学设计的思路，在课前预习、课堂教学、课后复习都能产生不同的应用场景。课前发布预习任务，作为开展翻转课堂或者常规教学下了解学生的知识掌握程度，有针对性地进行课堂重难点的讲解；课堂中发布任务，便于教师进行单知识点的补充教学，学生拓展学习内容的有效形式；课后发布任务，学生通过应完成的课后作业、实验，有利于快速了解学生课堂掌握程度，增强学生的学习效果。

在线测试——在线测试提供各类专业课程的习题和案例，教师根据个人的教学进度构建属于个人的课堂题库，可进行课堂随堂测试和单元测试，将测试结果快速统计并形成多维度的测试结果分析（章节、习题、班级等），提高对课程的教学效果和学生个人的客观评价。

智慧评测——基于教学平台中的多环节教学，形成多阶段、多维度的教学评价，包括理论课程的知识掌握程度、实操课程的操作结果，综合评价学生的知识、能力水平，最终形成基于学生个人的学习报告，促进学生的再学习和再实践。

数字教育赋能教学模式。教学模式是指在某种情境中展开的教学活动的结构形式，是由许多具体的教学方法和教学手段组成的一个动态系统。在教学模式设计这一过程中，数字化智慧化的教学手段赋予了传统教学模式新能量。

①案例一：招投标沙盘沉浸式教学法（知识类课程）。

传统招投标教学以理论讲授为主，烦琐、枯燥、零散的条文类知识点很难让学生形成体系化知识，并指导实际招投标工作展开。

沉浸教学模式有时也称体验式教学法。其主要特征是，学习者沉浸在实际工作的体验中去感悟、理解、运用、学习、成长和建构，将散碎的知识点统合成体系化的职业能力。

招投标沙盘将工程招投标知识与业务和实际招投标工作案例相结合，把招投标各阶段理论知识结合实际工作进行任务化，利用数字化教学平台将数百项知识点、任务、活动、练习、考核进行统筹梳理，辅助老师快速展开教学活动，将线下教具与线上平台结合，让学生沉浸在招投标业务工作中，感悟、理解、运用、学习招投标业务与理论知识，构建自身的招投标职业知识体系。

整个招投标实训分为7个模块，每个模块的操作流程和环节不一样，操作细节也不一样。这里只简单介绍整个招投标沉浸式教学的环节步骤（图5.26），具体到某个模块，可以根据实际执行任务进行微调。教法流程如下：

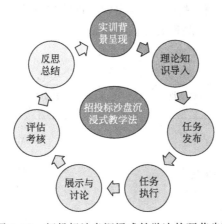

图5.26 招投标沙盘沉浸式教学法的环节步骤

第一步：实训背景呈现。将招投标学习的项目进行介绍，介绍的方式可以是教学平台上名师录制的讲解视频，也可以由老师线下授课讲解。介绍的内容包括两点，第一个：What。即这个实训是什么，包含了什么内容，并对整个招投标项目背景做一个介绍。第二个：Why。即实训的目的是什么，要让学习者接受这个招投标项目学习的最终目的，防止学习变成为玩而玩。

第二步：理论知识导入。引导学生在课堂下通过教学平台上的名师录播视频，预习本模块要掌握的招投标理论知识，课上教师不大篇幅讲授理论知识，仅做简介与引导。

第三步：任务发布。整个招投标流程环节众多，每个环节的主体工作甚至主体角色都会切换，流程与规则也都会有不同，因此要对该阶段要执行的任务，有相应的介绍和发布机制。这里可以利用教学平台招投标实训课程中内置的任务发布功能及任务指导书完成。

第四步：任务执行。涉及个人或团队学习者决策与实操锻炼，在这个过程中，通过教具操作、线上线下投票、软件实操等多种方式完成教师发布的任务并通过教学平台进行成果提交。老师在此过程中以引导与答疑为主、教学灌输为辅，体现以学生为中心的策略。

第五步：展示与讨论。一些任务执行过程中的决策结果，可以通过数字化教学平台与智慧教室设备进行班内展示，并发起班级内部讨论，输出讨论观点。如有争议，可使用数字化教学平台进行班内投票。

第六步：评估考核。在招投标实训项目中，老师要通过考核和评估的方式推动招投标项目的进行，将学生在数字教育平台上提交的阶段性成果文件导入在线评测系统中，会自动按照案例答案进行考核评价并输出考核结果。

第七步：反思总结。在完成某一个招投标阶段环节后，老师要利用教学平台输出的评估与考核报告，引导学生对这个环节进行总结、反思和提炼，夯实该阶段的知识与技能掌握。

②案例二：团建实训八步教学法（技能类课程）。

利用数字教学资源平台进行造价团建实训课程整体教学，通过老师端和学生端的相互结合，从灌输式教学到讨论式教学，由传统的讲座型到项目式团队合作，自主学习，自由讨论，从而更符合信息化现代职业岗位人才培养。在课程开展前，从备教练考评整体教学流程出发，完成以一套图纸为实训案例、提供教学案例图纸、答案、案例工程、视频、教学标准、考题、微课等教学资源。老师通过数字平台进行学习任务下发；学生接受任务，通过平台提供的资源进行识图并上机实训，结合组内协作的方式完成实训目标；老师通过数字教学平台对学生学习结果进行智能化评定，并给出学习进阶建议及方法，整个实训过程中实现院校对学生和老师的学习、教学及课程大数据分析。具体操作流程（图5.27）如下：

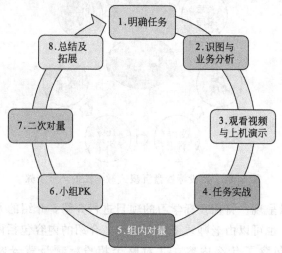

图 5.27　团建实训八步教学法步骤

第一步：明确任务。明确：①本堂课的任务是什么；②该任务是在什么情境下；③该任计算范围（哪些项目需要计算，哪些项目不需要计算）。

第二步：识图与业务分析。结合案例图纸以团队的方式进行图纸及业务分析，找出各任务中涉及构件的关键参数及图纸说明，以团队的方式从定额、清单两个角度进行业务分析，确定算什么、如何算。

第三步：观看视频与上机演示。通过数字教学平台观看视频并进行上机演示，老师可以采用播放完整的案例操作以及业务讲解视频，也可以自行根据需要上机演示操作，主要是明确本阶段的软件应用的重要功能、操作上机的重点及难点。

第四步：任务实战。老师根据数字平台已布置的任务，规定完成任务的时间，团队学生自己动手操作，配合老师辅导指引，在规定时间内完成阶段任务。学生在规定时间内完成任务后，提交个人成果，老师利用评分软件当堂对学生成果资料进行评价，得出个人成绩。

第五步：组内对量。评分完毕后，学生根据每个人的成绩，在小组内利用对量软件进行对量，讨论完成对量问题，如找问题、查错误、优劣搭配、自我提升。老师要求每个小组最终出具一份能代表小组实力的结果文件。

第六步：小组 PK。每个小组上交最终成功文件后，老师再次使用评分软件进行评分，测出各个小组的成绩优劣，希望能通过此成绩刺激小组的团队意识以及学习动力。

第七步：二次对量。老师下发标准答案，学生再次利用对量软件与标准答案进行结果对比，从而找出错误点加以改正，掌握本堂课所有内容，提升自己的能力。

第八步：总结及拓展。包括：学生小组及个人总结；老师针对本堂课的情况进行总结及知识拓展，最终共同完成本堂课的教学任务。

③案例三：PBL 项目实践教学法（综合类课程）。

PBL 项目实践教学法，以问题为基础，以项目为导向，打造基于项目化的以学生为中心的教学方式。学生进行团队组建，成立"项目式"团队，模拟实际岗位角色，如"项目经理""生产经理""商务经理"等，赋予每个角色不同的职责与任务，围绕每个项目问题收集资料、发现问题，根据任务要求解决问题，充分激发学生的学习兴趣，培养学生自主学习能力和创新实践能力。

PBL 项目实践教学强调以学生的主动学习为主，而不是传统教学中的以教师讲授为主。通过运用 BIM5D 项目管理平台，以一个实际工程为载体，将企业实际应用情景代入课堂，基于 BIM5D"三端一云"的应用场景，每位成员担任独立的角色，明确岗位职责，实施岗位任务，协同完成 BIM 项目管理实训任务。实践过程分为五大步骤：任务下发、任务说明、任务分析、任务实施、任务总结（图 5.28）。拆解项目实践目标，形成项目实践指导书，每个章节均按上述五步形成闭环实践，做到知、学、练、评于一体。围绕建设项目全过程，进行 BIM 协同项目精细化管理的实践模拟教学。具体流程如下：

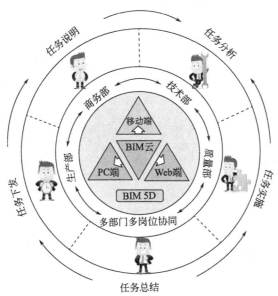

图 5.28　PBL 项目实践教学法步骤

第一步：任务下发。明确项目任务，教师下发项目任务，各学生团队按项目任务书进行分解，每个角色了解负责的任务模块，清晰每个环节需要完成的任务内容，同时掌握每个任务岗位之间的协同要求，在各岗位独立完成各自任务的基础上，按项目要求进行协同实践。

第二步：任务说明。通过线下或线上教学平台，老师讲解下发的任务内容，包括每节课完成的任务部分、注意事项，需要达到的质量标准。学生团队按教师讲解的任务说明，完成项目作业。

第三步：任务分析。学生团队拿到下发的任务内容后，根据教师的说明讲解，分析任务内容，包括如何协同完成任务目标、如何有效分工作业等，由项目组长带领团队梳理出任务实施方案，为实施环节做好准备。

第四步：任务实施。学生团队按分析后的任务实施方案，利用教学平台与 BIM 项目管理平台，进行项目实施。各角色承担职责范围内的实施任务，同时配合岗位协同关联的作业部分。团队组长在平台进行数据汇总分析，做出项目决策，直至达成项目任务的实施目标。

第五步：任务总结。在 BIM 协同项目管理实践中，老师要通过数字教育平台进行考核和评估，推动学生项目的进行，因此在每个章节都需要对学生的任务实施情况进行评测与总结，便于让学生更加理解理论与实践的有机结合，总结学习经验，提高 BIM 协同管理应用能力。在此环节，每个学生团队独立完成项目实施汇报，提交实践成果文件至教学平台，教师在教学平台进行数字化测评，输出评估和考核报告，并给予反馈和总结。

（6）智慧教育数字化教学管理

广联达为客户提供满足涵盖教研、教学、评测及管理全方位的数字化教学管理服务，通过打造以学习者为中心，技术与优质内容相结合的数字教学平台，助力高校完成数字化升级核心价值闭环。

智慧教育数字平台（图 5.29）以信息化为基础，面向建筑类高校，通过仿真课程教学实训及 4D 微课资源库体系化建设，形成优质体系化课程资源学习共享。基于智慧教学平台大数据应用，形成教学、学习、评测等基础行为数据沉淀，最终服务高校客户群管理数字化、网络化、个性化、终身化的现代教育体系。

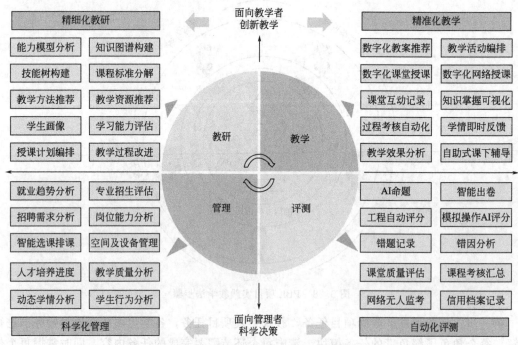

图 5.29　智慧教育数字化教学管理

虚拟仿真教学系统，通过分层专业化课程体系建设，利用仿真技术，将传统课程与教学场景进行系统教学设计，通过新技术、新材料、新工艺及新场景四新架构，对课程进行解构及重构，通过仿真将四新场景还原，与教材教学联动打造优质的理实一体化实验实训课程，帮助老师更好地完成教学任务，为学生学习提供更为合适的教学内容。

智慧学习测评系统，基于虚拟仿真教学系统，能对虚拟仿真体系化课程进行当堂评测；同时，结合日常教学及学习，可以对教学者及学习者进行学习评测，最终形成评测分析数据报告，指导教学者教学质量改进及学习者学习效果提升。

智慧教育数字资源库，通过高精虚拟仿真教学资源、构件部件化数字化课程资源，围绕知识点分解，形成体系化资源基地，满足院校老师及学生教学学习时沉浸式的互动，对知识更新，符合易教易学的产品特征。

在教研方面，通过将学科教材知识进行本体建模，形成可关联性查询的、有依赖关系的知识网络，进而在广联达数字教学平台建立学科知识图谱。在知识图谱的基础上，应用大数据、AI等技术形成面向学习目标的个性化学习路径，通过课前预习反馈知识掌握学情，实现动态的精细化教研。

教学实施完全按照数字教案执行，内置的环境及案例无需老师提前准备，老师可以进行引导式教学，即时反馈的知识掌握分析可以帮助老师精准地调整教学节奏和方案，有针对性地开展教学。学习过程中的实时学情侦测，可帮助老师进行精准化教学。

老师可根据课程特点，配置课程的过程考核组成及分值占比。在教学活动中，平台自动根据规则记录学习过程考核成绩，考试中老师无需选择考试题目，平台根据结构化的知识与题目关联关系，结合知识掌握要求和考核要求，智能地为老师提供满足不同班级学情的考试题目，平台支持对客观题及实操题的自动评分，并支持一键导出班级课程考核成绩，实现自动化评测。

通过企业岗位能力评价和广泛的行业应用大数据分析，广联达数字教学平台为校领导提供就业趋势分析、招聘需求分析、学情大数据分析及专业招生评估等大数据服务，基于对接行业数据和校本教育教学大数据，为院校管理者提供科学的管理决策数据支撑。

（7）专业教学智慧空间

数字化技术的涌现及不断成熟带来了产业生产力提升，触动了国家战略变革，各产业链随之发布各类政策推动数字化变革。数字化转型已成为产业变革的主旋律和产业发展的必然选择，建筑业数字化转型也是大势所趋，建筑产业加速迈向以万物互联、数据驱动、软件定义、平台支撑、智能主导的数字建筑经济新时代。随着数字化技术在建筑产业的发展与运用相关政策的推动，触动着建筑类高校教育从教学内容、资源、环境等全方位的教育信息化变革。

建筑类高校利用 AR、VR、MR 等虚拟仿真技术和 IoT 物联网、大数据、人工智能、5G、智能硬件等信息化技术，通过感知与互动反馈、智能化控制管理、数据分析和可视化展示等手段，打造具有建筑类专业特色的互动式、沉浸式、岛屿式全新教学环境。依托数字教学平台，以岗位能力为牵引，以智能建造为发展方向，以专业课程体系为核心，通过各类智能硬件及软件辅助教学创新，覆盖教学设计、教学实施、课程考核和教学质量诊断全场景，满足建筑类专业的理论、技能、岗位一体化的多端、共享、智能化和个性化教学，提升学习兴趣和教学效率，达到培养复合型技术技能人才的目的。

搭建智慧化教学环境（图 5.30）可以实现从单课程到单专业再到专业群的教学与授课，通过各类软硬件结合打造岛屿式、沉浸式、互动式教学环境，以建筑类各专业职业体验为主线，打造从认知—技能—岗位的三位一体的综合实训场所。该场所围绕智能建造专业课程进行设计，解决老师的专业教学难点。

图 5.30　智慧化教学环境搭建

专业教学智慧空间架构（图 5.31）为建筑类专业学生提供全方位、多样化的学习环境

用户	教师		学生			管理		
业务应用	数字化教学			智慧化学习			数字化管理		
	平台备课	数字教学资源调用	课程录制	学生端预习	公共资源学习	课程回放复习	平台控制	平台可视化管理	考勤管理
	虚仿教学	教学互动	成绩评价	虚仿增强认知	快速纠错	项目式学习	空间利用率数据总览	便捷运维	自动化
业务平台	教学平台				教学流程	管理平台			人员管理
	专业人培资源库	一体化案例	课程体系一键备课	教务大数据分析		硬件管理模块	大数据看板	远程控制	运维模块
							人员管理模块		
技术支撑	资源库、云+端、大数据				AI算法、互联网+应用、物联网、系统集成技术				
基础设施支撑	数字化教学空间								
	教学系统	智能物联控制系统	视听系统	智能门禁系统	AI人脸识别系统	录播系统	网络系统		

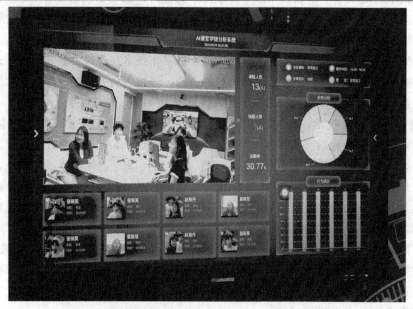

图 5.31　专业教学智慧空间架构及 AI 课堂学情分析系统

的场所，通过互联网、电子设备、在线平台等方式，为学生提供一系列全方位的教学资源和服务，包括但不限于课程设计、教学计划、教学材料、在线学习、实践教学、互动交流、评估与反馈等。智慧化教学环境在实现基础课教学和专业技能教学的同时，也可以进行专业团队竞赛式教学及校内外大赛、科研等工作的开展。

智慧化教学环境的建设价值如下：

①教学内容上与产业同步甚至引领产业发展，BIM、VR、装配式等都是未来建筑行业的重要发展应用方向，将产业新技术、新业务引入并根据课程特点制作教学资源，并筛选内容进行活页式教材的开发，以此更新教学内容、完善教学大纲；

②调整教师队伍结构，通过 VR 实景教学技术融入企业专家团队互融互通，校企教师协同育人，同时教师团队利用 BIM 及虚拟仿真技术制作创新教学资源，提升专业能力、实践教学能力和科学研究能力；

③在教学形式上以任务作为驱动，不同专业学生进行团队式学习，共同完成一个工作任务、解决一个实际问题，将形成成果进行展示，还采用以赛代课，增加趣味性与竞争性。另外，通过 5G 和实景教学技术也可以和其他院校进行资源共享，丰富教学内容。

（8）数字化教学模式系统化构建

随着数字化技术的发展，可以看到行业及其业务发生的巨大变化。在此之前，围绕数字化驱动建筑行业升级，以智能建造驱动的行业变化剖析及高校专业人才培养系统化思考，形成了数字化背景下广联达院校应对方案。围绕当前高质量育人主题思考，系统地分析建筑行业在信息化、数字化、智能化技术驱动下的发展演变及应对之策，同时聚焦智能建造主题驱动下高校建筑类专业升级的探索实践。围绕新时期高校创新人才培养的思考，不断思考新时期下的高校创新人才培养目标，不断探索"为谁培养人""培养什么样的人""怎么培养人"的系统架构及实践路径。

在智能建造背景下高校创新人才培养思考的实践上，基于企业视角的数字化人才培养，也在不断回答新时期在智能建造背景下怎么培养人的问题。在清晰创新专业人才画像的同时，通过校企合作产教融合新型产业学院实践，构建协同共育的人才培养新模式，聚焦创新人才培养实施，在围绕智能建造驱动建筑类专业群升级的基础上，系统设计"四流一体"专业教学方案支撑体系，围绕创新人才能力培养目标，聚焦新时期精品课程内涵建设。在此，将课程进行重新定义，每个独立的课程定义为一个系统的单元，围绕业务场景与教学场景的有机协同，形成课程系统的五大关联要素，即"人""课""场""法""管"。基于课程教学标准目标构建，围绕教学者"老师"与学习者"学生"进行"人"的维度定义；围绕课程能力目标实现，将知识、技能、素养目标与课程内容建设进行对标；结合新的业务场景与技术，将教学场景与空间进行立体化系统化设计；同时，结合新的教学环境与业务场景，创新教学方法，以数字化为载体提高教学效率。最终在数字化驱动教学改革的新模式下，通过数字化平台驱动教学模式及方法的创新，对教学过程进行系统化追踪，对教学评价进行多要素分析；在 AI 及大数据驱动下，围绕教学效果及教学目标的达成进行教学诊断分析，通过不断迭代优化，达成最终高质量创新人才培养目标的实现。

综上所述，将着重围绕课程系统单元的构建作为改革的出发点，围绕课程系统组成的五大要素，形成最小的课程系统流程闭环，以此助力院校创新精品课程建设，使其达到"一流"的课程标准。将聚焦其中的"场"的数字化及智能化升级，围绕专业业务场景与教学场景的深度融合，通过数字化的三维空间协同，实现课程系统的场景输出。通过数字化专业教学空间的打造，基于院校教学数字化的空间载体，将专业教学场景与数字化业务场景有机融合的创新尝试，将"人、课、场"等数据及场景进行连接，通过智能算法、AI 等为教学业务数字化提供支撑。在专业教学新场景构建的基础上与数字化平台教学形成有机融通，如通过业务数字化、仿真情景化，虚实联动模式，构建"理论-虚拟-实操"的新型实训教学体系。通过数据积累，来构建多方协同、异域交互、多元互动等场景下的数字化综合教学体，形成以课程系统牵引的教学全过程、全要素、全参与的教学诊断分析，通过 PDCA 的闭环迭代，不断优化教学各要素，使其达成最终的教学效果目标。

第6章

总结和展望

6.1 主要研究结论

本书通过文献研究综合分析法，对智能建造及智能建造专业、专业人才培养体系、校企合作模式及新型产业学院等进行资料文献研究分析，对概念及研究相关核心要素进行了综合归纳整理。整体而言，围绕校企合作视域下智能建造专业人才培养体系研究主题，通过文献综合研究，拓展认知及知识视野，吸取国内外先进的理念及案例经验，从而判别智能建造专业人才培养体系的核心要素，并对构成专业人才培养体系的核心要素之间的结构性联系进行分析总结，最终形成职业本科智能建造专业人才培养体系的四要素，即：智能建造专业定位、智能建造专业人才岗位能力分析、专业人才培养方案设计、智能建造专业教学体系构建。

通过问卷调查法，基于我国智能建造行业企业现状进行深度调研，对企业智能建造应用场景进行深度剖析及聚焦，形成能对整体行业进行综合观察的智能建造应用现状结论。同时对标当前智能建造发展的问题，重点关注智能建造专业人才培养，结合智能建造应用场景对智能建造岗位需求及能力目标展开分析，形成智能建造企业人才需求画像，为后续企业智能建造人才招聘及高校专业人才培养明确思路。

通过核心专家访谈，并在问卷调查的基础上，围绕职业本科智能建造专业人才培养体系的建设，与各层次各维度专家展开深度研讨交流，形成围绕智能建造专业人才培养体系为架构的核心点，以新技术、新材料、新工艺、新设备、新模式"五新"驱动新型专业人才培养建设。基于岗位能力目标对标专业人才培养目标，将工程场景与教学场景有机结合，通过对知识体系的重构升级，建设模块化及体系化的课程体系，围绕数字化、智能化能力升级目标，提升师资能力，最终实现创新型人才培养目标的实现。

在德国职业教育五阶段理论的驱动下，围绕职业本科智能建造新型专业人才培养体系建设及运行，构建校企合作智能建造产业学院，三方联合运营体，对智能建造专业展开体系化人才培养。通过浙广职大职业本科智能建造产业学院项目实践，将职业本科智能建造专业人才培养体系进行深化落地，进一步确定职业本科智能建造专业定位及培养对标的岗位能力画像，通过专业教学体系建设与运行，验证其可行性，最终通过高质量创新型智能建造人才的输出形成业务闭环，为职教本科智能建造新专业人才培养体系形成指导性方案文件。

6.2 研究不足与展望

本书通过问卷调查、专家访谈及案例实践分析的模式，构建职业本科智能建造专业人才培养体系并通过浙广职大智能建造产业学院项目专项实践，为职业本科高校智能建造专业开设及发展提供了借鉴和思路。由于笔者自身研究水平有限等诸多原因，本文也存在部分不足之处：

（1）本文使用文献研究的方法来识别智能建造专业人才培养体系的基本要素。由于相关的研究比较多，涉及的文献数量和资料也非常繁杂，虽然笔者尽力保证自己对相关概念、理论和方法的高度敏感，但是仍不可避免地会有部分资料的遗漏。而且，智能建造和智能建造专业建设及人才培养是一个全新的且覆盖范围比较广的课题，在整理文献观点的过程中，虽然笔者尽量保持中立的态度，一些重要的问题也会及时咨询业内专家，但是不可避免会受到个人主观看法的影响，在一些观点上会失之偏颇。

（2）在问卷调研和专家访谈中，由于智能建造专业是近年来新开设的专业，职业本科则是新成型的教育类型，尽管笔者力图用多种方式来接触调研对象和业内专家，但是可调研的企业和可访谈的专业仍相对较少，也没有比较成熟的相关实践案例可以借鉴。为此，本书对基于调研和专家访谈而建立起来的智能建造人才培养体系具有统计学的数据支撑，但是与传统的专业人才培养体系略有差别，亦不能保证完全的正确，需要经过实践的迭代进行多次优化。

（3）因为各种原因，线下的交流方式和深度受限。浙广职大智能建造产业学院项目在实施的过程中，也是学校主体、企业其次的模式推进，虽然在整体项目实践过程中，践行智能建造专业人才培养体系方案并结合实际情况不断调整优化，但阶段化里程碑效果总结及有效性验证，还需要其他职业本科院校智能建造专业进一步探索研究。

因此，在今后的研究中建议高校特别是职业本科院校加强智能建造专业人才培养体系的研究，同时为了使其效果最优化，可以探索校企合作产业学院模式进行联合培养，在这种创新型人才培养的过程中，头部科技企业及头部施工企业的参与，实践初步证明效果更佳，落地更快，最终输出的结论更为有效。

附录

附录 1 智能建造专业人才培养体系调研问卷

第 1 题：单位性质 [单选题]

A. 国有企业　　　　　B. 私营企业　　　　　C. 合资企业　　　　　D. 其他

第 2 题：单位类型 [单选题]

A. 设计院　　　　　　　　　　　　　B. 房地产开发企业

C. 建筑施工企业监理公司（咨询公司）　　D. 设备厂家物业管理公司

E. 智能家居企业　　　　　　　　　　F. 其他

第 3 题：贵单位规模 [单选题]

A. 200 人以下　　　　B. 200～500 人　　　　C. 500～1000 人　　　D. 1000 人以上

第 4 题：贵单位成立时间 [单选题]

A. 5 年以内　　　　　B. 5～10 年　　　　　C. 10 年以上

第 5 题：贵公司目前主要承揽的建设工程地域（请填写省市名称）[多选题]

A. 中西部长三角　　　B. 华南　　　　　　　C. 华北

D. 境外　　　　　　　E. 珠三角

主要省市名称（请勾选后在空白处填写）

第 6 题：在贵公司的所有项目中，建筑"智能建造"项目占总项目的比例是 [单选题]

A. 5％以下　　　　　B. 5％～20％　　　　C. 20％～50％　　　D. 50％以上

第 7 题：今后三年贵单位在建筑"智能建造"领域对专业人才的数量需求状况 [单选题]

A. 10 人以下　　　　B. 11～30 人　　　　C. 30 人以上　　　　D. 无需求

第 8 题：目前贵公司对建筑"智能建造"项目所使用的人才主要来源于哪些专业 [多选题]

A. 建筑"智能建造"技术　　　　　B. 建筑电气工程

C. 建筑设备技术　　　　　　　　D. 机电工程

E. 建筑工程技术

第 9 题：贵单位认为其他专业人员做建筑"智能建造"技术专业相关岗位的匹配度在怎样的范围 [单选题]

A. 30％以下　　　　B. 30％～60％　　　　C. 60％～80％　　　D. 80％～100％

第 10 题：近三年贵单位招聘建筑"智能建造"技术专科毕业生占所招聘人员的比例约是 [单选题]

A. 25％以下　　　　B. 25％～50％　　　　C. 50％～75％　　　D. 75％以上

第 11 题：贵单位是通过何种方式引进人才的 [多选题]

A. 网络招聘人才交流会　　　　　　　　B. 校园招聘会

C. 毕业生自行应聘　　　　　　　　　　D. 员工介绍

第 12 题：贵单位在近 3 年来招聘的从事建筑"智能建造"技术相关岗位的毕业生平均月收入为 [单选题]

A. 4000 元以下　　　　B. 4000～5000 元　　　　C. 5000～6000 元　　　　D. 6000 元以上

第 13 题：贵公司对于招聘建筑"智能建造"技术专业人才，所面向的岗位最多的是 [多选题]

A. 建筑智能设备操作工

B. 智能家居运维工程师

C. 智能建筑设计工程师

D. 建筑智能建造管理人员施工员（土建、安装）、安全员、产品代理、销售人员、售后技术支持工程师

E. 其他岗位名称 1（请勾选后在空白处填写）

其他岗位名称 2（请勾选后在空白处填写）

其他岗位名称 3（请勾选后在空白处填写）

第 14 题：贵公司对建筑"智能建造"管理人才的需求有 [多选题]

A. 具有建筑"智能建造"专业技能的人才，会操作管理软件的人才（BIM、CAD、办公软件）

B. 懂装配式建筑施工技术，具有编制建筑"智能建造"施工组织及专项施工方案的人才

C. 具有对项目规划方案模拟分析能力的人才，具有现场质量、安全、成本管理能力的人才

D. 其他需求（请勾选后在空白处填写）

第 15 题：对于大数据背景下建筑"智能建造"技术的岗位，贵单位认为高职毕业生的就业竞争优势有 [多选题]

A. 动手能力较强，专业技术基础较扎实

B. 职场上升空间更大，岗位发展明确

C. 就业心态稳定，不易跳槽，能吃苦

D. 做事踏实，年轻有活力，头脑快

E. 其他（请勾选后在空白处填写）

第 16 题：贵单位对入职毕业生的职业技能鉴定、职业资格证书是否有需求 [单选题]

A. 是

B. 否

第 17 题：贵单位认为员工持有相关岗位证书对职业就业有什么作用 [多选题]

A. 证书是刚毕业学生入职的敲门砖，就业通行证

B. 表示已经具备相关岗位必备的知识和技能，行业必备

C. 合法合规

D. 能给予相应奖励

第 18 题：本专业毕业生具备的专业能力，您认为哪些对贵公司更重要 [多选题]

A. 编写施工组织设计能力

B. 编写专项施工方案能力，工地现场质量、安全管理能力，现场进度及成本控制能力

C. 现场综合协调能力，现场资料管理能力

D. 现场建筑智能化建造的管理

E. 其他能力（请勾选后在空白处填写）

第 19 题：对"智能建造"技术人员，希望高职院校加强哪些专业知识的教学 [多选题]

A. 建筑识图与构造，智能建造设备技术，AutoCAD 软件

B. 工程计量与计价

C. 建筑施工技术，建筑施工组织设计

D. 建筑专项施工方案编写

E. 建筑装配式施工技术

F. 建筑钢结构施工技术

G. 智能家居安装与维护

H. 建筑 BIM 技术

I. 建筑质量与安全管理

J. 其他专业知识（请勾选后在空白处填写）

第 20 题：贵单位认为员工素养对于企业的发展哪个更重要 [单选题]

A. 技术

B. 技能

C. 对企业文化的认可

D. 综合素质

E. 以上员工素养同样重要

第 21 题：您认为对建筑"智能建造"人才具备以下哪些素质是最重要的 [多选题]

A. 专业理论学习能力

B. 创新研发能力

C. 项目分析能力，策划实践能力

D. 组织协调能力，合作沟通能力

第 22 题：贵公司对建筑智能化人才的职业素养要求 [单选题]

A. 吃苦耐劳

B. 有团队合作

C. 求精，有创新意识

D. 有拼搏精神，有良好的心理素质

第 23 题：如果贵公司存在无法完成的建筑"智能建造"项目，原因是哪些 [单选题]

A. 成本高，资金缺乏

B. 缺乏统一的标准体系及健全的政策

C. 智能化 BIM 技术要求高

D. 建筑智能化专业人才缺乏，公众对建筑"智能建造"了解有限

E. 推广不足

F. 其他原因（请勾选后在空白处填写）

第 24 题：是否愿意与学校建立长期的人才培养合作关系 [单选题]

A. 是　　　　　　　　B. 否

第 25 题：单位名称 [填空题]

附录2 土木工程智能建造发展及专业人才需求访谈提纲

A. 智能建造的理解

A1. 数字化建筑的概念之后，现在建筑领域又出现了"智能建造"的概念，从您所处的行业来说，您是怎么理解智能建造的或者您怎么定义智能建造？

A2. 您认为智能建造会对您所在的行业会产生了哪些影响？比如管理模式、工作效率、用工成本、人员要求等。

A3. 您认为智能建造的发展，主要需要哪些方面的技术作为支撑？从您所处的行业来说，已经运用的智能建造的技术或手段有哪些？这些技术或手段对你所处的行业的价值是什么？

A4. 从您所处的行业来说，智能建造目前处在什么阶段？目前的状况是怎么样的？

A5. 您认为您所处的行业在智能建造中扮演什么角色？起到什么作用？

B. 智能建造的人才需求

B1. 从您所在的行业来看，要符合智能建造的发展需要哪些方面人才？这些人才有什么特征？需要具备什么的能力？

B2. 从您所在的行业来说，智能建造的发展是否产生新的岗位？产生了哪些新的岗位？

B3. 目前的人才市场是否能满足行业智能建造的岗位需求？

B4. 您认为目前缺智能建造的人才吗？缺什么样的人？

C. 智能建造的人才培养

C1. 目前您企业的智能建造相关人才的配备情况是怎么样的？

C2. 在您的企业中，智能建造相关人才都是什么类型的？是综合类或垂直类？

C3. 目前您企业的智能建造相关人才的获取渠道有哪些？社招和校招都招什么层次的人才？

C4. 关于智能建造人才的培养，您希望高校培养什么样的人才？

C5. 对于校招人才，您对高校的应届毕业生有什么要求？或者您更加注重哪些方面的能力？

D. 智能建造的发展趋势

D1. 您认为智能建造发展前景如何？发展趋势是什么？

D2. 您认为智能建造的人才需求未来将出现怎样的趋势和特征？

参考文献

[1] 国家统计局：建筑业总产值（亿元）[EB/OL]. （2023-05-26）[2023-05-26]. https://data.stats.gov.cn/adv.htm? m＝advquery&cn＝C01.

[2] 《中国建筑业信息化发展报告（2021）智能建造应用与发展》编委会. 中国建筑业信息化发展报告（2021）智能建造应用与发展 [M]. 北京：中国建筑工业出版社，2021.

[3] 住房和城乡建设部等十三部门. 关于推动智能建造与建筑工业化协同发展的指导意见 [EB/OL]. （2020-07-03）[2023-05-06]. https://www.mohurd.gov.cn/gongkai/zhengce/zhengcefilelib/202007/20200728_246537.html.

[4] 杨秋波，土雪青. 工程管理专业实践育人体系的探索与实践 [J]. 天津大学学报：社会科学版，2013，15（06）：556-561.

[5] 教育部. 教育部关于公布 2017 年度普通高等学校本科专业备案和审批结果的通知 [EB/OL]. （2018-03-21）[2023-05-26]. http://www.moe.gov.cn/srcsite/A08/moe_1034/s4930/201803/t20180321_330874.html.

[6] 教育部. 职业教育专业目录 [EB/OL]. （2023-03-19）[2023-05-26]. http://www.moe.gov.cn/srcsite/A07/moe_953/202103/t20210319_521135.html.

[7] 丁烈云. 全国人大代表丁烈云：加快培养满足"数据驱动"的创新型工程科技人才 [J]. 中国勘察设计，2022（3）：24-24.

[8] 曹丹. 从"校企合作"到"产教融合"——应用型本科高校推进产教深度融合的困惑与思考 [J]. 天中学刊，2015，30（1）：133-138.

[9] 原长弘. 国内产学研合作学术研究的主要脉络：一个文献述评 [J]. 研究与发展管理，2005，17（04）：98-102，109.

[10] 谢科范，陈云，董芹芹. 我国产学研结合传统模式与现代模式分析 [J]. 科学管理研究，2008，26（01）：38-41.

[11] 王文岩，孙福全，申强. 产学研合作模式的分类、特征及选择 [J]. 中国科技论坛，2008（05）：37-40.

[12] 武海峰，牛勇平. 国内外产学研合作模式的比较研究 [J]. 山东社会科学，2007（11）：108-110.

[13] 李焱焱，叶冰，杜鹃，等. 产学研合作模式分类及其选择思路 [J]. 科技进步与对策，2004（10）：98-99.

[14] 邵鹏. 中外高校产学研合作模式比较研究 [D]. 沈阳：东北大学，2013.

[15] 刘前军，韩潮瀚. 浅谈国内外产学研合作的主要模式 [J]. 中国机电工业，2017（09）：88-90.

[16] 韩启飞，朱小健. 高校产学研合作的主要模式与思考 [J]. 中国多媒体与网络教学学报（上旬刊），2021（11）：108-111.

[17] 张千帆，方超龙，胡丹丹. 产学研合作创新路径选择的博弈分析 [J]. 管理学报，2007，4（06）：748-751，755.

[18] 崔旭，邢莉. 我国产学研合作模式与制约因素研究——基于政府、企业、高校三方视角 [J]. 科技

管理研究，2010，30（06）：45-47.

[19] 李正卫，王迪钊，李孝缪. 校企合作现状与影响因素实证研究：以浙江为例［J］. 科技进步与对策，2012，29（21）：150-154.

[20] 唐立兵，张平，孙伟仁，等. 地方本科高校产教深度融合的困境与优化路径分析［J］. 重庆科技学院学报：社会科学版，2017（02）：115-117，131.

[21] 许家岩. 高职院校产教融合模式及影响因素研究——基于利益相关者角度［J］. 辽宁丝绸，2018（04）：63-65，15.

[22] 王新国. 产教深度融合发展的制约因素及基本路径研究［J］. 江苏高职教育，2019，19（03）：1-6.

[23] 许士密. 依附论视域下地方本科高校产教融合的困境与超越［J］. 江苏高教，2020（06）：49-55.

[24] 张丽叶. 应用型本科院校"产教五位一体化"融合模式研究［J］. 黑龙江畜牧兽医，2020（11）：155-160.

[25] 韦钰. 山东省高等职业院校产教融合发展策略研究［D］. 天津：河北工业大学，2021.

[26] 张德成，张莉，刘骏. 职业教育产教融合困难及其应对措施［J］. 科技与创新，2022（03）：18-20＋23.

[27] 张阳. 应用型本科高校产教融合难点与发展动力研究［J］. 西安航空学院学报，2023，41（02）：79-84.

[28] D'Este P, Bell M, Martin B, et al. University-industry linkages in the UK: What are the factors underlying the variety of interactions with industry? ［J］. Research Policy, 2007, 36（9）：1295-1313.

[29] Wright M, Clarysse B, Lockett A, et al. Mid-range universities' linkages with industry: Knowledge types and the role of intermediaries ［J］. Research Policy, 2008, 37（8）：1205-1223.

[30] Ankrah S, Omar A-T. Universities-industry collaboration: A systematic review ［J］. Scandinavian Journal of Management, 2015, 31（3）：387-408.

[31] Rybnicek R, Königsgruber R. What makes industry-university collaboration succeed? A systematic review of the literature ［J］. Journal of business economics, 2019, 89（2）：221-250.

[32] Nsanzumuhire S U, Groot W. Context perspective on university-industry collaboration processes: A systematic review of literature ［J］. Journal of cleaner production, 2020, 258：120861.

[33] Li L. Exploration on training mode of intelligent construction talents based on BIM technology ［C］. 2022 3rd International Conference on Education, Knowledge and Information Management (ICEKIM). 2022：986-989.

[34] 陈珂，丁烈云. 我国智能建造关键领域技术发展的战略思考［J］. 中国工程科学，2021，23（04）：64-70.

[35] Oesterreich T D, Teuteberg F. Understanding the implications of digitisation and automation in the context of industry 4.0: A triangulation approach and elements of a research agenda for the construction industry ［J］. Computers in Industry, 2016, 83：121-139.

[36] 教育部. 教育部关于公布 2022 年度普通高等学校本科专业备案和审批结果的通知［EB/OL］.（2023-04-06）［2023-05-26］. http://www.moe.gov.cn/srcsite/A08/moe_1034/s4930/202304/t20230419_1056224.html.

[37] 宜葵葵，王洪才. 高校产业学院核心竞争力的基本要素与提升路径［J］. 江苏高教，2018（09）：21-25.

[38] 陈国龙，林清泉，孙柏璋. 高校产业学院改革试点的探索［J］. 中国高校科技，2017（12）：44-46.

[39] Hall N C, Gradt S E J, Goetz T, et al. Attributional retraining, self-esteem, and the job interview: Benefits and risks for college student employment ［J］. Journal of Experimental Education, 2011, 79（3）：318-339.

[40] 丁烈云. 智能建造推动建筑产业变革［N］. 中国建设报，2019-06-07.

［41］ 肖绪文. 智能建造：是什么、为什么、做什么、怎么做［J］. 施工企业管理，2022（12）：29-31.

［42］ 毛志兵. 智慧建造决定建筑业的未来［J］. 建筑，2019（16）：22-24.

［43］ 樊启祥，林鹏，魏鹏程，等. 智能建造闭环控制理论［J］. 清华大学学报：自然科学版，2021，61（07）：660-670.

［44］ DeWit A. Komatsu，smart construction，creative destruction，and Japan's robot revolution［J］. The Asia-Pacific Journal，2015，13（5）：No. 2.

［45］ Wang L J，Huang X，Zheng R Y. The application of BIM in intelligent construction［J］. Applied Mechanics Materials，2012，188：236-241.

［46］ 沈阳工业大学建筑与土木工程学院［EB/OL］.（2023-05-26）［2023-05］. https://jgxy. sut. edu. cn/index. htm.

［47］ 王争. 基于职业本科人才培养定位方向构建专业课程体系——以"智能建造工程"专业为例［J］. 邢台职业技术学院学报，2022，39（02）：6-9，31.

［48］ Guile D，Unwin L. The wiley handbook of vocational education and training［M］. New York：John Wiley & Sons，2019.

［49］ HeNan G，Matthias P. A comparative study of teaching and learning in German and Chinese vocational education and training schools：A classroom observation study［J］. Research in Comparative International Education，2020，15（4）：391-413.

［50］ 曾颢，于静，上官邱睿. 数字化变革背景下"绩效管理"实训教学的实施与改进——PDCA 循环和 PBI 教学法的整合［J］. 豫章师范学院学报，2023，38（02）：105-109.

［51］ 邸昂，夏天添，郑英紫，等. 团队内竞合博弈对团队创新效率的影响机制：基于响应面分析与定性比较分析［J］. 科技管理研究，2023，43（05）：127-135.

［52］ 宋文镖. 博弈论在工程管理中的应用［J］. 中国建筑金属结构，2021（06）：24-25.

［53］ Guo Z X，Li L H. A conceptual framework for collaborative development of intelligent construction and building industrialization［J］. Frontiers in Environmental Science，2022，10.

［54］ Wen Y F. Research on the intelligent construction of prefabricated building and personnel training based on BIM5D［J］. Journal of Intelligent Fuzzy Systems，2021，40（4）：8033-8041.

［55］ Yang Y，Yu D K. Research and exploration on the training of new engineering personnel from the perspective of artificial intelligence［C］. 2022 2nd Asia Conference on Information Engineering（ACIE），2022：102-106.

［56］ 李惠. 职业本科背景下智能建造工程专业人才培养的探索——以湖南软件职业技术大学为例［J］. 砖瓦，2022（08）：162-164，167.

［57］ 刘派，赵明雨. 新工科专业应用型人才培养课程体系建设——以智能建造专业为例［C］. 第十九届沈阳科学学术年会. 辽宁：沈阳，2022：866-870.

［58］ Liu Z H，Cui Y，Zhang Y M，et al. Reform and practice of talents cultivation mode for civil engineering［C］. 2017 7th International Conference on Social Network，Communication and Education（SNCE 2017）. Paris：Atlantis Press，2017：273-276.

［59］ Guo Q L. Research on job-oriented practical talents training mode——civil engineering major as an example［C］. 2nd International Conference on Science and Social Research（ICSSR 2013）. Paris：Atlantis Press，2013：150-155.

［60］ 李琪，李美仪. 职业本科课程内容开发：视角、原则与行动策略［J］. 职教通讯，2021（08）：32-38.

［61］ 刘成有，冯莉颖，赵峰. 职业本科课程体系建设的探索［J］. 海南师范大学学报：自然科学版，2021，34（02）：234-238.

［62］ 韩军荣，李鹏，孙书杰，等. 职业本科"五位一体"实践教学体系构建与实践［J］. 承德石油高等

专科学校学报, 2022, 24 (05): 67-70.

[63] Wu J, Liu L. Innovation of teaching mode of construction engineering specialty in colleges and enterprises from the perspective of AR technology [C]. 2021 International Conference on Computers, Information Processing and Advanced Education (CIPAE). [S. I.: s. n.], 2021: 130-134.

[64] 涂庆华, 黄恩平, 吴丽华. 新增职业本科学校教师队伍建设研究 [J]. 教育现代化, 2020, 7 (09): 60-61, 71.

[65] 蒙梁亦. 职业本科院校"双师型"教师队伍专业能力提升策略探究 [J]. 高教论坛, 2021 (05): 18-21.

[66] Ding W X, Wang H Y. Exploration on the talent training mode of the industry education integration and school enterprise cooperation of applied undergraduate majors [C]. 2021 2nd Information Communication Technologies Conference (ICTC). [S. I.: s. n.], 2021: 348-352.

[67] 王毓. 职业本科: 人才培养定位与实现路径选择 [J]. 职业技术教育, 2013, 34 (16): 26-29.

[68] 阮建兵, 吴旭乾, 孟明翔, 等. 职业本科专业人才培养目标定位探讨 [J]. 科技与创新, 2022 (05): 23-25, 32.

[69] Chen H Z. On the training path of startups and innovation talents in vocational school under school-enterprise cooperation [J]. Significance, 2022, 4 (3): 37-42.

[70] 杨欣斌. 职业本科教育人才培养模式的思考与探索 [J]. 高等工程教育研究, 2022, 70 (01): 127-133.

[71] 朱亚红, 罗卫民, 许亚平. 职业本科大数据专业人才培养体系研究与实践 [J]. 科技风, 2021 (07): 148-149.

[72] 章颖. 智能建造背景下高校土建类专业智慧工地仿真教学实践项目建设探索 [D]. 北京: 中国矿业大学, 2022.

[73] Zheng Q J, Xiao Y R, Feng C G. Practical research on talent training mode of "school-enterprise integration" in higher vocational colleges [C]. 2011 IEEE 3rd International Conference on Communication Software and Networks. [S. I.: s. n.], 2011: 669-672.

[74] Yuan H, Li Y. Research on the construction mechanism of industrial college in applied universities under the background of emerging engineering education [J]. International Journal of Frontiers in Sociology, 2020, 2 (9): 1-6.